Manfred Zimmermann

Wahrheit und Wissen in der Mathematik

Das Benacerrafsche Dilemma

transparent   verlag berlin

Wer eine bedeutungsvolle Mathematik wünscht, muss der Gewissheit entraten. Wer Gewissheit wünscht, muss die Bedeutung beiseiteschieben. Man kann nicht beides zugleich haben.
Imre Lakatos

Der Mathematiker ist der eigentliche 'Platoniker' im gängigen Sinne des Wortes. Er - und nur er - ist durch eine Einstellung charakterisiert, der eine Zweiweltenvorstellung entspricht und die es ihm nahelegt, den Hypothesencharakter seiner Voraussetzungen zu verkennen und in ihnen gegenständliche Elemente einer höheren Wirklichkeitsstufe zu sehen.
Wolfgang Wieland: Platon und die Formen des Wissens

© transparent verlag berlin	H. Preuß
1. Auflage	Berlin 1995
2. Auflage	Berlin 2014
Fotos	Manfred Zimmermann
ISBN	978-1-291-77440-5
Gesamtherstellung und Vertrieb: Lulu Press, Inc. (www.lulu.com)	

INHALT

1	EINLEITUNG	5
2	DAS BENACERRAFSCHE DILEMMA	10
3	PHILOSOPHISCHE HINTERGRÜNDE	16
3.1	Wahrheit, Wissen und die Sonderstellung der Mathematik	16
3.1.1	Wahrheit	17
3.1.2	Wissen	20
3.1.3	Die Sonderstellung der Mathematik	24
3.2	Vorgeschichte des Benacerrafschen Dilemmas	25
3.2.1	Euklids „Elemente" und die Folgen	25
3.2.2	Die sog. Grundlagenkrise	26
3.2.3	Tendenzen in der gegenwärtigen Philosophie	30
	a) Semantische Wahrheitstheorie von Tarski	31
	b) Holismus von Quine	34
3.3	Der Dualismus von Benacerraf und Davidsons Philosophie der Interpretation	36
3.3.1	„Standardsicht" und „kombinatorische Sicht", Platonismus und Formalismus	36
3.3.2	Vermeidung des Dualismus bei Davidson	26
4	DIE POST-BENACERRAFSCHE DISKUSSION	46
4.1	Überblick über die Diskussion	47
4.2	Das Dilemma als Scheinproblem	49
4.2.1	Mathematik als „Spiel" (Wittgenstein)	49
4.2.2	Mathematik als fehlbare Wissenschaft (Lakatos)	51
4.2.3	Mathematik als Tautologie (Rota)	53
4.3	Das Dilemma als Antinomie (Hart)	55
4.4	Mathematik ohne Gegenstände	56
4.4.1	Mathematik als Wissenschaft möglicher Strukturen (Putnam)	56
4.4.2	Verzicht auf den Begriff der Wahrheit (Field)	57
4.4.3	Mathematik als Tätigkeit (Hossack)	59
4.5	Modifizierungen des Platonismus	64
4.5.1	Mathematik als Wissenschaft von Strukturen (Resnik)	64
4.5.2	Post-Benacerrafsche Probleme (Maddy)	66

4.6	Holistischer Ansatz (Tymoczko)	69
4.7	Bemerkungen zur post-Benacerrafschen Diskussion	72
5	**SCHLUSSBEMERKUNG**	74
6	**ANHANG**	78
6.1	Paul Benacerraf: Mathematical Truth (Übersetzung)	78
6.2	Kleines Lexikon	99
7	**LITERATURVERZEICHNIS**	109
7.1	Reader	109
7.2	Einzeltitel	110
8	**REGISTER**	124

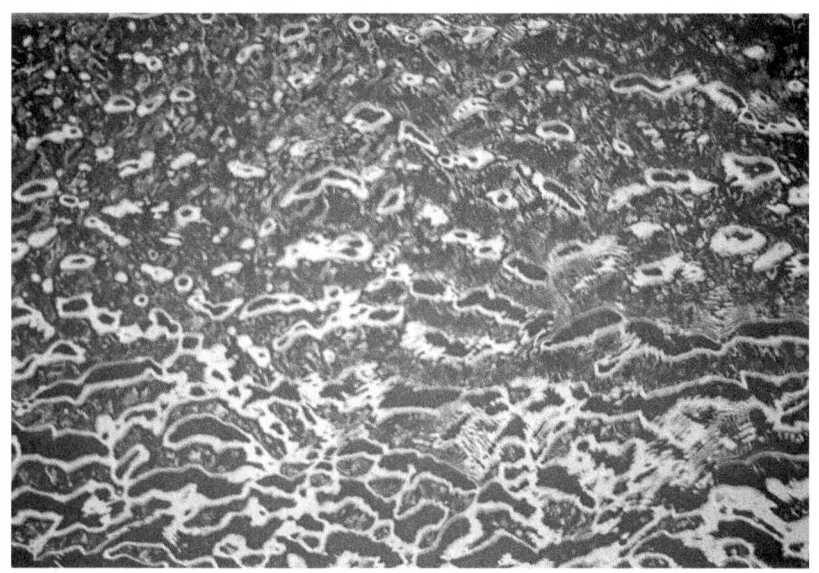

1 EINLEITUNG

Ist es nicht eine unnütze Beschäftigung, sich Gedanken über die Mathematik zu machen? Ist dort nicht alles klar? Mathematik ist doch - zum Glück gibt es überhaupt noch eine - die einzige Wissenschaft, wo es objektiv wahre/gültige Aussagen gibt und Verfahren, sie unumstößlich zu beweisen. Und darin sind sich die meisten Mathematiker und Nichtmathematiker einig. Die Autorität der Mathematik ist unangefochten. Man mag einwenden, dass das daran liegt, dass viele in der Schule schlechte Erfahrungen mit Mathematik gemacht haben (Versagenserfahrungen), aber der Respekt wird durch die Angst eher noch vergrößert. Außerdem überzeugt Mathematik durch ihr „Funktionieren", ihre Anwendbarkeit. Die Aussage Galileis aus dem Jahre 1623 scheint immer noch gültig zu sein: „Es [das Universum] ist in der Sprache der Mathematik geschrieben, deren Buchstaben Dreiecke, Kreise und andere geometrische Figuren sind; ohne diese Mittel ist es dem Menschen unmöglich, auch nur ein einziges Wort zu verstehen." Die gesellschaftlich unangefochtene Stellung der Mathematik schützt die Mathematiker vor Rechtfertigungs- und Argumentationsdruck. Unter diesen Vorzeichen haben die Fragen „Sind die Aussagen der Mathematik wahr?" und „Wodurch ist das mathematische Wissen begründet?" einen ketzerischen Charakter.

In krassem Gegensatz zu diesem Bild steht die Hilflosigkeit von Wissenschaftstheoretikern und Philosophen, die versuchen, das „Phänomen" Mathematik zu erklären.

Nähert man sich der Mathematik aus einem philosophischen Interesse heraus, so stellen sich zahlreiche Fragen, wie z. B.:

1. *Frage nach dem Gegenstand*

Mit was beschäftigt sich die Mathematik? Was ist der Gegenstand der Mathematik? Die naheliegende Antwort „Zahlen, geometrische Figuren und Verknüpfungen/Operationen zwischen ihnen" oder die Antwort des Mathematikers „Mengen und Strukturen" bleiben unbefriedigend; Zahlen, geometrische Figuren und Mengen sind keine Gegenstände unserer Welt, da sie weder eine Ausdehnung noch andere sinnliche Eigenschaften haben. Die Gegenstände der Mathematik scheinen aus einer anderen Welt zu stammen, und doch stehen wir vor dem Phänomen, dass Sachverhalte und Prozesse in Natur und Gesellschaft mit ihrer Hilfe beschrieben und vorhergesagt werden können.

2. *Frage nach den Methoden*

Mit welchen Methoden arbeitet die Mathematik? Diejenigen, die Mathematik anwenden, werden sagen „Rechnungen", Mathematiker „Beweise". Reicht es als Rechtfertigung für Rechenmethoden zu sagen, sie funktionierten? Warum bestehen Mathematiker dann auf Beweisen? Wann ist etwas bewiesen? Beweise sind an Schule und Universität mit einer besonderen Aura umgeben und scheinen etwas Geheimnisvolles zu sein: Der Abschluss eines Beweises befriedigt Nichtmathematiker, wie z. B. SchülerInnen, wenig und lässt mehr Fragen offen („Was war das?"), als er beantwortet.

Außerdem bringt das Ritual der Beweisführung für Nichtmathematiker verschiedene Schwierigkeiten und Ungereimtheiten mit sich:

1) Auch Mathematiker können nur unbefriedigend erklären, welche Kriterien ein Beweis erfüllen muss. Es gibt in der mathematischen Zunft einen gewissen Konsens, der stärker an ästhetischen Kriterien als an Logik orientiert zu sein scheint. Der Beweis soll kurz, überschaubar, elementar usw. sein. Auch bei längst bewiesenen Sätzen wird so lange nach neuen Beweisen gesucht, bis diese Ansprüche befriedigt sind.

2) Der „Laie" fragt sich auch, was an einem Beweis interessant ist, wenn ein Satz bewiesen wurde. Sind dann nicht Konsequenzen und Anwendungen wichtiger? Das Mathematikstudium besteht aber im Wesent-

lichen darin, Beweise zu wiederholen, die schon unzählige Male, z. T. schon von Generationen von Mathematikstudenten nachvollzogen wurden. Eine Erklärung dafür ist, dass kein Beweis je über alle Kritik erhaben ist, sondern sich immer wieder der Kritik aussetzen muss.

3) Im Mittelpunkt des Beweises steht oft eine Idee (man hat sie oder man hat sie nicht). Kann man Beweise lernen?

4) Das Werkzeug der Beweise sind die logischen Gesetze, die in der Schule gar nicht und an der Universität nur in sehr rudimentärer Form Gegenstand der Ausbildung sind.

5) Beweise führen Sätze immer nur auf andere Sätze zurück („Unendlicher Regress"; was ist damit gewonnen?).

3. Ist Mathematik eine Erfindung oder eine Entdeckung?

Descartes sagte: „Wer Mathematik treibt, erfindet eine Ordnung. Sie ist kein von Ewigkeit her geschriebenes Gesetz." Dies steht im Widerspruch zu dem am Anfang beschriebenen Image der Mathematik und dem Sprachgebrauch der Mathematiker, nach dem mathematische Gesetze unabhängig vom Menschen existieren, ewig und unveränderlich sind, also „gefunden" oder „entdeckt" werden. Der Standpunkt der „Entdeckung" wirft zahlreiche Fragen auf: Wo existieren diese Gesetze dann? Durch welche Fähigkeiten haben wir Zugang zu diesen Gesetzen? Sind die Mathematiker „Medien", die wie Wünschelrutengänger sinnlich unzugängliche Wahrheiten aufspüren? Ist Mathematik eine Wissenschaft oder eine Disziplin der Esoterik? Wird dagegen die Mathematik als Erfindung verstanden, dann ist sie Menschenwerk, mit menschlichen Unvollkommenheiten behaftet, in gewisser Weise willkürlich, und ihr Bezug zur Wirklichkeit nicht so leicht erklärbar.

4. Was ist „Verstehen" in der Mathematik?

Für Lehrende und Lernende stellt sich immer wieder die Frage: Wann hat man Mathematik verstanden? Soll der Schulunterricht ein Miniatur-Abbild des Universitätsstudiums sein, in dem Mathematik axiomatisch verstanden wird, d.h. dass die Aussagen - ganz im Sinne Euklids (s.S.27) - aus einigen Grundaussagen (Axiomen) hergeleitet werden? Dann müsste der Unterricht im Wesentlichen formal orientiert sein, und Logik müsste eine zentrale Rolle spielen. Oder ist Mathematik eine Wissenschaft - im Sinne Kants -, die sich im Raum der reinen Anschauung/Vorstellung bewegt? Dann müsste vor allem die „anschauliche" Interpretation mathematischer Begriffe und Aussagen geübt werden. Oder ist - im Sinne Wittgensteins - Mathematik ein Regelwerk, das man dann verstanden hat, wenn man die Regeln möglichst oft anwendet und dadurch in der Anwendung Sicherheit gewinnt?

Der traditionelle Mathematikunterricht wirkt wie ein Gemisch aus allen diesen Positionen, wobei das „Gewissen" der MathematiklehrerInnen auf das axiomatische Denken der universitären Mathematik fixiert zu sein scheint und die anderen Möglichkeiten (z. B. Schulung der Anschauung, Lösen von Aufgben) allenfalls als didaktische Zugeständnisse angesehen werden.

Zur näheren Beschäftigung mit diesen und vielen anderen Fragen ist es hilfreich, zunächst einmal zu klären, was unter Wahrheit und Wissen in der Mathematik zu verstehen ist.

Obwohl diese Frage seit 150 Jahren heftig diskutiert wird, hat sie 1973 einen neuen Anstoß erhalten, als der amerikanische Philosophie-Professor Paul Benacerraf (Princeton University) auf einem Symposium zu dem Thema „Mathematische Wahrheit" ein später nach ihm benanntes Dilemma vorgetragen hat, das seitdem im Zentrum der Diskussion über Philosophie der Mathematik steht.

Dieses Dilemma ist u.a. aus drei Gründen von großem Interesse:
1. Es hat eine seitdem nicht mehr abbrechende Diskussion in der Philosophie der Mathematik ausgelöst, die in mancher Hinsicht an die sog. Grundlagenkrise der Jahrhundertwende (s.S.28) erinnert. Allerdings findet diese Diskussion weniger unter Mathematikern als unter Philosophen statt.
2. Durch diese Diskussion hat die Philosophie der Mathematik eine „Renaissance" (Irvine 1990) erlebt, die die Resignaton und den Pragmatismus, der nach der Ausweglosigkeit der Grundlagenkrise vorherrschten, ablöste.
3. In diesem Dilemma fließen zentrale Themen der heutigen philosophischen Diskussion zusammen: Realismus und Nominalismus, Rationalismus und Empirismus, Wissen und Wahrheit. Außerdem ist der Versuch, die Bedingungen für Wahrheit und die Rechtfertigung unseres Wissens in einer einheitlichen Theorie zusammenzubringen, ein klassisches Thema der Philosophie, das auch heute noch nicht befriedigend gelöst ist. So sagte Putnam 1986: Es ist die Zeit für ein „Moratorium über Ontologie und Epistemologie" gekommen (Putnam 1993, S.218). Gerade in der Philosophie der Mathematik haben sich viele metaphysische Illusionen gehalten, die in der übrigen Philosophie längst problematisch geworden sind (ganzheitliche Erklärung für Wahrheit, Referenz und Wissen; Letztbegründung). In der Diskussion über das Benacerrafsche Dilemma ist die Philosophie der Mathematik mit den zeitgenössischen Problemen der Philosophie verbunden.

Ich werde in dieser Arbeit zunächst die Grundproblematik des Benacerrafschen Dilemmas darstellen. Diese Vorgehensweise mag wie ein

Sprung ins tiefe Wasser wirken, sie hat aber den Vorteil, dass sie das zentrale Problem benennt, auf das im folgenden unter verschiedenen Aspekten zurückgegriffen werden kann: Welche philosophischen Probleme sind mit den Begriffen von Wahrheit und Wissen verbunden? Welche Sonderstellung nimmt die Mathematik dabei ein? Was ist das Besondere dieses Dilemmas, da Wahrheit und Wissen sicher nicht erst im Jahre 1973 zu einem Problem wurden? Gibt es Lösungsansätze des Problems?

Ich sehe die Berechtigung dieses Buches vor allem darin, dass es bisher keine zusammenhängende Darstellung in deutscher Sprache gibt. Weder ist der Vortrag von Benacerraf bisher übersetzt, noch ist die Diskussion dieser Themen, die in der angelsächsischen Literatur mit einigem Interesse verfolgt wird, in Deutschland populär. Die Philosophie der Mathematik führt bei uns ein relatives Schattendasein. Das „Land der Dichter und Denker" ruht sich auf den Lorbeeren der Vergangenheit aus. Die essayistische Kultur der Reflexion und Kritik außerhalb von Deutschland hat hier immer noch wenige Freunde. Außerdem nehme ich das Benacerrafsche Dilemma als Aufhänger, um klassische Positionen der Philosophie der Mathematik darzustellen und eine Einführung in zentrale Begriffe der gegenwärtigen analytischen Philosophie zu geben.

Für Anregungen und Unterstützung bei der Arbeit an diesem Thema danke ich vor allem
Dr. Lorenz Wernisch, der „grauen Eminenz" dieses Buches, der mir bei allen Fragen und Problemen kritisch und hilfreich zur Seite stand und Korrektur las,
und außerdem
Dr. Thomas Mormann, der mich für das Thema interessierte,
Prof. Hans Poser für die Ermutigung und
Ilse Blum für die Unterstützung bei der Übersetzung des Artikels von Paul Benacerraf.

2 DAS BENACERRAFSCHE DILEMMA

Paul Benacerraf beginnt seinen Vortrag über mathematische Wahrheit (1973) mit einer idealtypischen Konstruktion. Er behauptet, dass alle Theorien der mathematischen Wahrheit und des mathematischen Wissens auf zwei Modelle reduziert werden können, die in komprimierter Form folgendermaßen lauten:

DAS DILEMMA (kurzgefasst):

Die Bedingungen für Wahrheit und Wissen schließen sich gegenseitig aus. Entweder haben mathematische Sätze eine Bedeutung, dann bleibt die Gewissheit mathematischer Erkenntnis unerklärlich, oder man rettet die Sicherheit mathematischer Aussagen, die sich auf formale Beweise stützt, dann muss man auf Bedeutung und Wahrheit verzichten.

Ansätze zur Erklärung der mathematischen Wahrheit

STANDARD-SICHT (Semantischer Ansatz) „Wahrheit"	KOMBINATORISCHE SICHT (Epistemologischer Ansatz) „Wissen"
Dieser Ansatz geht davon aus, dass die mathematischen Zeichen eine Bedeutung haben und mathematische Sätze dann wahr sind, wenn das, was sie behaupten, wirklich der Fall ist. Da die mathematischen Objekte nach Benacerrafs Auffassung aber abstrakt sind, also keine Gegenstände der sinnlich erfahrbaren Welt, ist diese Auffassung verbunden mit einer platonistischen Erklärung der Mathematik: Es gibt neben der empirischen Welt eine zweite Welt der mathematischen Gegenstände, die unabhängig von unserer Wahrnehmung und unserem Wissen ist. *Vorteil:* Der Begriff der mathematischen Wahrheit entspricht dem der natürlichen Sprache. *Problem:* Es kann nicht erklärt werden, wie und wodurch wir einen Zugang zu der idealen mathematischen Welt haben können. Es kann deshalb auch nicht erklärt werden, wie wir mathematisches Wissen haben können.	Dieser Ansatz knüpft an der Stärke der Mathematik an, ihre Aussagen durch Beweise begründen zu können. Da Beweise absolute Sicherheit geben, können bewiesene Sätze als wahr angesehen werden. Beweise sind aber ein rein formales Verfahren und verzichten auf Bedeutung, damit also auf einen Aspekt, der im alltäglichen Verständnis von Wahrheit eine große Rolle spielt. Mathematik wird zu einer besonderen Wissenschaft innerhalb des Wissenschaftssystems, Mathematik wird verstanden als ein rein formales Spiel ohne Inhalt. *Vorteil:* Beweisbarkeit ist eine bequeme Begründung dafür, dass wir einen Satz als Wissen ansehen können. *Problem:* Es gibt zwei Wahrheitsbegriffe: den inhaltlichen der normalen Sprache und den formalen der Mathematik. Außerdem hat Gödel bewiesen, dass es in jedem formalen System, das die elementare Arithmetik umfasst, sinnvolle Sätze gibt, die nicht beweisbar sind und deren Gegenteil auch nicht bewiesen werden kann.

Etwas wissenschaftlicher:
Entweder geht man von einem einheitlichen Wahrheitsbegriff (einer einheitlichen Semantik) für mathematische und nicht-mathematische Sätze aus, dann hat man die bekannten Probleme des Platonismus: Man kann nicht erklären, wie man mathematisches Wissen haben kann, es fehlt also eine akzeptable Epistemologie. Oder man geht von einer bequemen Epistemologie aus (Ableitbarkeit, Syntax), dann hat man die bekannten Probleme des Formalismus: Der Begriff der Wahrheit ist nicht semantisch definiert, es gibt zwei verschiedene Wahrheitsbegriffe für mathematische und nichtmathematische Aussagen, und es gibt Sätze, die nicht ableitbar sind, deren Gegenteil aber auch nicht beweisbar ist (Unvollständigkeitssatz von Gödel).

Das Dilemma enthält eine Reihe von Dualismen (= Gegensätzlichkeiten), die sich im Kern überschneiden:

- *Wahrheit und Wissen:* Wird Wahrheit (wie sie im Alltag und in den meisten Wissenschaften verstanden wird) als Übereinstimmung zwischen einer theoretischen Aussage und der nichtsprachlichen Welt verstanden, dann müssen mathematische Sätze „interpretiert" werden, d.h. auf eine außermathematische Welt bezogen werden. Dies kann nicht die empirische, sinnlich erfahrbare Welt sein, da es z. B. die idealen Dreiecke der Mathematik in der empirischen Welt nicht gibt. Geht man von einer idealen Welt der mathematischen Gegenstände aus, dann bleibt unklar, wo sie zu finden ist und welche Beziehung sie zur empirischen Welt hat, in der die Aussagen der Mathematik so wirkungsvoll angewendet werden können. Außerdem kann nicht erklärt werden, wie wir etwas über diese Welt wissen können, da der Zugang natürlich nur ein „übersinnlicher" sein kann.

Versteht man Wissen (wie es im Alltag und in den meisten Wissenschaften verstanden wird) als gerechtfertigte wahre Aussage, dann steht die Begründung der mathematischen Sätze im Vordergrund. Mathematische Begründungen sind traditionell die Beweise: Sätze werden formal aus anderen Sätzen hergeleitet. Mit welchem Recht kann man aber einen bewiesenen Satz auch als wahr ansehen? Mit welchem Recht sind die Grundaussagen, aus denen die Sätze hergeleitet werden, wahr?

- *semantischer oder syntaktischer Ansatz:* Interessiert man sich für die Semantik mathematischer Aussagen, dann sucht man nach einer Bedeutung, man interpretiert sie, in der Regel, indem man sie veranschaulicht. Dabei nimmt man manchmal Gegenstände der empirischen Welt zu Hilfe (z. B. Flussufer als Beispiel für zwei parallele Geraden), aber jeder Mensch weiß natürlich, dass diese Veranschaulichungen hinken, dass die idealen Objekte der Mathematik über diese Anwendungen erhaben sind. Existieren die mathematischen Objekte überhaupt? Wie können wir etwas über sie wissen? Der syntaktische Ansatz sieht Mathematik dagegen als formale Sprache ohne Bedeutung. Sätze sind dann gültig, wenn sie nach syntaktischen (grammatikalischen) Regeln korrekt gebildet und aus anderen Sätzen formal abgeleitet sind. Der Begriff der Wahrheit kann dann nicht mehr in seiner intuitiven, semantischen Bedeutung verwendet werden.

- *Ontologie und Epistemologie:* Gibt es also mathematische Gegenstände, d.h. gibt es eine Ontologie (als Lehre vom Seienden, von den Gegenständen), dann führt das zu Schwierigkeiten in der Erkenntnistheorie/ Epistemologie, es kann nicht erklärt werden, wie wir etwas über sie wissen können. Die übliche Erklärung des mathematischen Wissens verzichtet auf Interpretation und damit auf eine Ontologie.

- *Platonismus und Formalismus:* Vertritt man einen platonistischen Standpunkt, dann geht man davon aus, dass Mathematik die Wissenschaft idealer Objekte ist, dass es neben der empirischen noch eine ideale Welt gibt, die unabhängig von der menschlichen Wahrnehmung existiert. Der Begriff der Wahrheit macht Sinn, aber es kann nicht erklärt werden, mit welchen übersinnlichen Fähigkeiten wir Zugang zu dieser Welt haben, Wissen wird unverständlich. Vertritt man einen formalistischen Standpunkt, dann ist Mathematik ein Spiel ohne Inhalt und mathematische Symbole sind reine Zeichen und haben keine Bedeutung. Wissen kann erklärt werden, Wahrheit macht aber keinen Sinn.

- *Mathematik als gewöhnliche oder besondere Wissenschaft:* Wissenschaften werden meist verstanden als Theorien über die Welt. Die Welt der Mathematik kann aber nicht die empirische Welt sein, also kann der empirische Wissensbegriff der übrigen Wissenschaften nicht ohne weiteres auf die Mathematik angewendet werden. Die Stärke der Mathematik ist die Methode des Beweises als Garant der Sicherheit ihrer Aussagen. Beweise sind aber formal. Wahrheit und Wissen hätten eine andere Bedeutung (eine formale) als in den anderen Wissenschaften.

Alle Dualismen laufen auf dasselbe hinaus und können in der Kernaussage zusammengefasst werden: Die Bedingungen für Wahrheit und Wissen schließen sich in der Mathematik gegenseitig aus. Die Erklärung der Wahrheit macht die Erklärung des Wissens unmöglich und umgekehrt.

Dieses Dilemma zeigt sich aber nicht erst in der Theorie, sondern bereits bei elementaren Beispielen, wie z. B. bei dem Satz „Werden von einem Punkt aus verschiedene Tangenten an eine Kugel gelegt, dann liegen alle Berührungspunkte auf einem Kreis". Vermutlich wird jeder sich seine Aussage dadurch klar machen, dass er sie in einem Gedankenexperiment, d.h. in der Anschauung überprüft. Er fasst diesen Satz auf als Aussage über eine Welt, deren Gegenstände Punkte, Tangenten, Kugeln und Kreise sind. Was jeder intuitiv macht, ist aber ein Interpretationsvorgang. Den Begriffen dieses Satzes werden Bedeutungen in Form von Gegenständen und Tatsachen zugeordnet. Mathematiker sind aber nicht bereit, diese Übereinstimmung von sprachlicher Aussage und Vorstellung, d.h. Tatsache in einer außersprachlichen Welt, als Wissen zu akzeptieren. Sie bestehen auf einem Beweis. Die formale Operation des Beweisens ist aber unabhängig von der Interpretation, also von der Bedeutung der Ausdrücke des Satzes. Der Beweis verzichtet auf Semantik und damit auf den intuitiven Begriff von Wahrheit.

Benacerraf macht die beiden, sich gegenseitig ausschließenden Sichtweisen an folgendem Beispiel deutlich:

Betrachtet man die beiden Sätze:

(1) Es gibt mindestens drei große Städte, die älter als New York sind.
(2) Es gibt mindestens zwei vollkommene Zahlen, die größer als 17 sind.
(Eine natürliche Zahl heißt vollkommen, wenn sie gleich der Summe ihrer positiven echten Teiler ist),

so stellt sich die Frage, ob beide Sätze die gleiche logische und grammatische Struktur haben.

Lässt man die Vagheit der Prädikate in (1) beiseite (Was heißt groß? Was heißt älter? Wann spricht man von einer Stadt?), so scheint es klar, dass Satz (1) genau dann wahr ist, wenn man mindestens drei Städte angeben kann, die die angegebene Bedingung erfüllen (z. B. Rom, Athen, Babylon).

Schwierig ist es mit Satz (2).
a) Der Platoniker, der mathematische Objekte als real existierend ansieht, bestimmt die Wahrheit von Satz (2) auf die gleiche Weise wie bei (1), indem er z. B. die Zahlen 28 (=1+2+4+7+14), 496 (=1+2+4+8+16+31 +62+124+248) und 8128 angibt.
b) Für den Formalisten ist (2) etwas anderes als (1). Im Unterschied zu den Wahrheitsbedingungen für Satz (1) (Referenz (= Bezugnahme) auf außersprachliche Wirklichkeit) definiert er in der Mathematik Wahrheit als formale Ableitbarkeit. Der Satz ist erst dann wahr, wenn seine Aussage aus schon bekannten Sätzen abgeleitet wird.

Die Wunschvorstellung von Benacerraf ist das klassische Anliegen, beide Ansätze (Interesse an Wahrheit bzw. Wissen) in einer befriedigenden Form zusammenzubringen und eine Gesamt-Darstellung zu entwickeln, in der die Theorie *einer* Wahrheit (für Alltag und alle Wissenschaften) zusammenpasst mit einer Theorie des Wissens, die erklärt, wie wir das Wissen haben können, das wir haben.

Im nächsten Kapitel werde näher auf die philosophischen und historischen Hintergründe des Benacerrafschen Dilemmas eingehen.

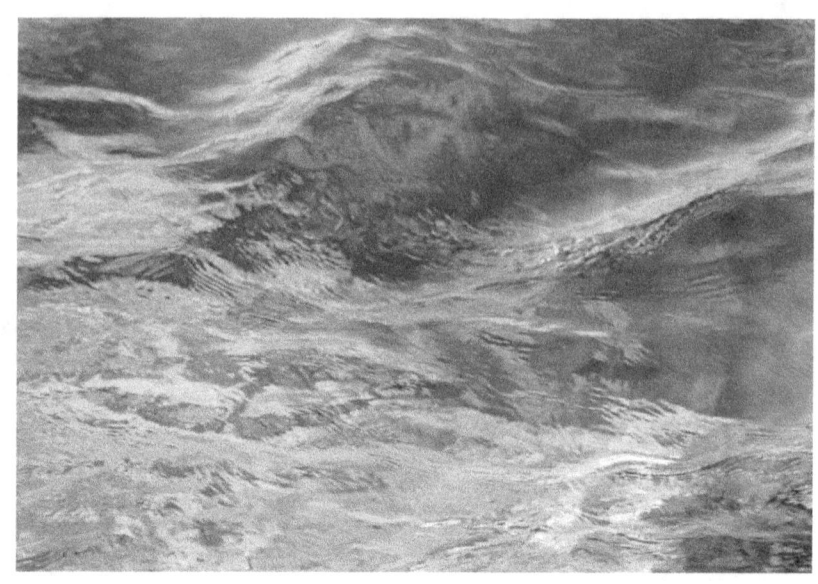

3 PHILOSOPHISCHE HINTERGRÜNDE

Da der Aufsatz von Paul Benacerraf eine Position in einer bestimmten Diskussion bezieht und die Kenntnis der Hintergründe und Fachbegriffe aus verschiedenen Gebieten voraussetzt, stelle ich in diesem Kapitel einige Aspekte zusammen, die für das bessere Verständnis des Dilemmas von Bedeutung sind.

3.1 Wahrheit, Wissen und die Sonderstellung der Mathematik

Wahrheit und Wissen sind keine speziellen Themen der Philosophie der Mathematik, sondern ganz zentrale, altehrwürdige Themen der Philosophie.

3.1.1 Wahrheit

Mit dem Begriff der *Wahrheit* sind, grob gesprochen, zwei verschiedene Intuitionen verbunden. Nach der ersten sind Sätze oder Meinungen dann wahr, wenn sie „den Tatsachen entsprechen" (Korrespondenztheorie). Nach der anderen kommt es darauf an, ob sie zu den übrigen Sätzen, die wir für wahr halten, „passen" (Kohärenztheorie). Obwohl diese beiden Sichtweisen in der Regel als Konkurrenten gesehen werden, können sie auch als Antworten auf verschiedene Fragen gesehen werden, müssen sich also nicht ausschließen:
Korrespondenztheorie: Was ist Wahrheit?
Kohärenztheorie: Wie stellt man Wahrheit fest?

Die sogenannte *Korrespondenztheorie der Wahrheit* kommt dem intuitiven Verständnis von Wahrheit am nächsten. Sie ist die traditionelle Wahrheitstheorie und wird auf Platon und Aristoteles zurückgeführt. Wahrheit wird hier verstanden als Korrespondenz/Übereinstimmung zwischen Sätzen und Tatsachen der Welt jenseits der Sprache: Eine Aussage ist dann wahr, wenn sie mit einer wirklichen Situation in der Welt übereinstimmt. Die Formel dafür lieferte Thomas von Aquin: veritas est adaequatio rei et intellectus (= Wahrheit ist die Gleichstellung von Sache und Vorstellung). Wahrheit wird hier semantisch definiert, im Hinblick auf einen außersprachlichen und außermathematischen Sachverhalt. Da es bis heute nicht gelungen ist, die Beziehung zwischen Wörtern und Gegenständen, Aussagen und empirischen Tatsachen befriedigend zu erklären, beschränken sich moderne Realisten darauf, nur mehr die Referenz (= Bezugnahme) von singulären Termini auf Individuen der Wirklichkeit zu fordern. Unter singulären Termini versteht man Eigennamen (Peter, Paris), Kennzeichnungen (Hauptstadt von Frankreich) oder Pronomen (z. B. Demonstrativpronomen: dieser), die sich auf sinnlich wahrnehmbare Individuen beziehen. Aber auch dieser Standpunkt führt zu schwer lösbaren Problemen: Wie soll ein empirischer Bezug von einem Eigennamen auf ein längst verstorbenes Individuum erfolgen? Kripke schlägt eine sog. Kausalkette vor, die von dem historischen Individuum Aristoteles auf den heutigen Sprecher über Aristoteles führt. Auf was bezieht sich der Name „Einhorn"? Kennzeichnungen dagegen haben selten einen notwendigen Charakter. Sprechen wir über den „antiken Philosophen Aristoteles", dann setzen wir voraus, dass er nicht Aristoteles gewesen wäre, wenn er kein Philosoph geworden wäre. Die Verwendung von Eigennamen und Kennzeichnungen ist immer abhängig vom Kontext (z. B. der Gesprächssituation). Im Anschluss an Saul A. Kripkes Buch „Name und Notwendigkeit" ist die Diskussion über Eigennamen in der Gegenwart neu entbrannt.

Der zentrale Punkt ist, dass die Korrespondenzheorie der Wahrheit eine Ontologie voraussetzt, d.h. eine Lehre vom Seienden. Die verbreiteten Ontologien lassen sich in folgende Kategorien einteilen:
- Die Welt ist die Gesamtheit der Objekte, wobei Objekte auch verstanden werden als Individuen. Objekte sind primitive Bezeichnungen, die nicht näher analysiert werden. Wahrheit wird definiert durch Referenz der singulären Terme.
- Die Welt ist die Gesamtheit der Augenblicke. Objekte werden dabei in ihrer Beziehung zu anderen Objekten gesehen.
- Die Welt ist die Gesamtheit der Tatsachen, wobei Tatsachen mehrstellige Prädikate z. B. der Form (Individuum, Eigenschaft) sind.

Bei den beiden letzten Formen ergibt sich das Problem, wie Individuen/Objekte verstanden werden sollen, die doch grundlegender als Momente oder Tatsachen zu sein scheinen.

Jede dieser Ontologien hat ihre Probleme, die hier nicht ausgeführt werden sollen.

Die Korrespondenztheorie der Wahrheit bringt folgende Schwierigkeiten mit sich:
- Wir haben keinen Zugang zu einer von Beschreibung unabhängigen Welt. Korrespondenz zwischen der Beschreibung und dem Unbeschriebenen (sog. Welt) ist unverständlich.
- Es kann nicht erklärt werden, wie wir diese Wahrheiten wissen können (problematische Erkenntnistheorie).
- Die Welt wird als „Fertigwelt", als feststehende Gesamtheit geistunabhängiger Gegenstände angesehen, die die Gegenstände selbst zu Arten ordnet (z. B. Häuser, Menschen). Referenz auf diese Gegenstände kann häufig nur magisch (z. B. durch 'Gedankenstrahlen') erklärt werden.
- Der Glaube an die *eine* wahre Theorie ist nicht mehr haltbar.
Nach Aussagen von Bonjours (in: Bieri, S.260 f.) gibt es bisher keine angemessene Darstellung der Korrespondenztheorie der Wahrheit. Nach Putnams Auffassung ist die Korrespondenztheorie der Wahrheit inkohärent (in: Putnam 1993, S.152).

Aus diesen Gründen ist es verständlich, dass heute auch Autoren wie Putnam, die sich als Realisten bezeichnen, eine Kohärenztheorie der Wahrheit vertreten.

Vertritt man in der Mathematik einen korrespondenztheoretischen Wahrheitsbegriff, dann muss man sich Klarheit darüber verschaffen, was man unter den Objekten der Mathematik verstehen will. Bei der üblichen Auffassung, dass die Gegenstände der Mathematik abstrakt sind, also keine sinnlichen Eigenschaften haben, führt das zum Platonismus, d.h. der Auffassung, dass es neben der sinnlich wahrnehmbaren Welt noch eine zweite Welt der abstrakten oder ideellen Größen gibt, so dass - wie Benacerraf ausführt - nicht erklärt werden kann, wie wir etwas über diese zweite Welt wissen können.

Die *Kohärenztheorie der Wahrheit* wird heute von vielen Philosophen akzeptiert. Allerdings gibt es so viele verschiedene Formen, dass der Begriff Kohärenztheorie noch nicht viel sagt. Gemeinsam ist allen Theorien, die sich Kohärenztheorie nennen, die Forderung nach Widerspruchsfreiheit, was genügend Probleme aufwirft.

Nach Davidson (in: Bieri, S.273) „besteht Grund zu der Annahme, dass eine Meinung wahr ist, wenn sie mit einer signifikanten Menge von Meinungen in kohärentem Zusammenhang steht."

In der Mathematik vertreten vor allem die Anhänger des Formalismus die Ansicht, dass Ableitbarkeit (Beweisbarkeit) das entscheidende Kriterium für die Rechtfertigung von Sätzen ist.

„Zu den explizitesten und klarsten Maßstäben der Richtigkeit, die wir überhaupt haben, gehören die der Gültigkeit eines deduktiven Arguments; und Gültigkeit ist natürlich von Wahrheit darin verschieden, dass die Prämissen und Folgerungen eines gültigen Arguments falsch sein können. Gültigkeit besteht in der Übereinstimmung mit Schlussregeln - Regeln, welche die Praxis des Deduzierens kodifizieren, indem sie das Annehmen oder Ablehnen bestimmter Schlüsse vorschreiben. Deduktive Gültigkeit - obwohl verschieden von der Wahrheit - ist von dieser nicht völlig unabhängig, sondern bezieht Aussagen so aufeinander, dass gültiges Schließen aus wahren Prämissen wahre Folgerungen ergibt" (Goodman 1990, S.153).

Dagegen gibt es bei induktiven Schlüssen keine solchen klaren Kriterien. Die induktive Richtigkeit garantiert im Gegensatz zur deduktiven Richtigkeit Wahrheit nicht.

Benacerrafsche hat Recht, wenn er sagt, dass Wahrheit intuitiv korrespondenztheoretisch verstanden wird. Wir gehen davon aus, dass wir etwas sagen, wenn wir sprechen, d.h. dass die Worte und Aussagen eine Bedeutung haben. Sätze sind dadurch wahr, dass sie Tatsachen entsprechen. Wie die Kritik an der Korrespondenztheorie gezeigt hat, können aber noch nicht einmal im Alltag Beobachtungssätze von theoretischen Sätzen streng unterschieden werden, sind Tatsachen keine außersprachlichen Ereignisse. Auch in der Mathematik werden Sätze seit der Antike nicht mehr als isolierte Aussagen über die Realität angesehen, sondern auch immer als Teil einer Theorie, die in sich widerspruchsfrei sein soll. Es ist deshalb sinnvoll, eine Verbindung von Korrespondenztheorie und Kohärenztheorie zu suchen, wie es z. B. Davidson gemacht hat. Ich werde diesen Ansatz später darstellen (s.S.), da er auf der Grundlage des Tarskischen Ansatzes einsichtiger wird.

3.1.2 Wissen

Wissen ist ein Begriff aus der Erkenntnistheorie. Es lässt sich kurz so charakterisieren, dass es gerechtfertigter wahrer Glaube ist, so dass Wissen mindestens an drei Bedingungen geknüpft ist:
Man spricht dann von Wissen, wenn:
1. eine Meinung wahr ist,
2. der Meinende von ihr überzeugt ist und
3. die Meinung begründet bzw. gerechtfertigt werden kann.

Man spricht z. B. jemandem Wissen ab, 1. wenn er behauptet, Glas sei unzerbrechlich, denn dieser Satz ist offensichtlich nicht wahr. 2. wenn ein Papagei 2 + 2 = 4 nachspricht, was zwar richtig ist, aber vom Papagei nicht gewusst werden kann[1]. 3. wenn jemand bei einem beliebigen Dreieck auf einen Blick voller Überzeugung die Größe der Winkel angibt, auch wenn die Aussage richtig ist, er aber seine Aussage nicht begründen kann.

Etwas formaler sieht das dann so aus:
Notwendige Bedingungen für den Satz „S weiß, dass p." sind:
(1) „p" muss wahr sein.
(2) S muss glauben, dass p.

D.h. S muss „p" für wahr halten, und „p" muss tatsächlich wahr sein, Wissen ist mindestens wahre Meinung. Glauben wird hier also im Sinne von akzeptieren, für wahr halten gebraucht.

Damit aus einer bloß zufälligen wahren Meinung Wissen wird, muss aber noch etwas dazu kommen:
(3) S muss begründen/rechtfertigen können, dass p.

Gettier hat nachgewiesen, dass diese drei Bedingungen nicht hinreichend für die Bestimmung von Wissen sind. Lange Zeit wurde daran gearbeitet, nach einer hinreichenden und notwendigen Bedingung zu suchen, der Eifer ist inzwischen aber etwas zurückgegangen. Ein Problem eines solchen Versuchs ist auch, dass Wissen auf grundlegendere Begriffe zurückgeführt werden soll.

Mathematisches Wissen wird durch Beweise gerechtfertigt, ist also das Musterbeispiel für inferentielles (= schlussfolgerndes) Wissen. Mathematische Sätze sind gerechtfertigt, wenn sie aus anderen, schon bewiesenen Sätzen abgeleitet werden können. Wie können wir aber die ersten Sätze wissen? Sind sie wahr? Wie kommt es, dass aus wahren

---

[1]Neue Papageienexperimente stellen das allerdings in Frage (s. Untersuchungen am Graupapagei "Alex". In: M.S.Danekins, Die Entdeckung des tierischen Bewußtseins, S.160 ff.)

Sätzen durch rein formale, logische Ableitung wieder wahre Sätze werden?

Die gängigen Theorien über Wissen konzentrieren sich auf das empirische Wissen. Sie lassen sich folgendermaßen zusammenfassen:

(a) Fundamentalistische/externalistische/naturalistische Theorien:
Ein großer Teil unserer Meinungen ist induktiv (vom Besonderen zum Allgemeinen) oder deduktiv (vom Allgemeinen zum Besonderen) geschlussfolgert oder durch andere Meinungen verursacht: „Die nächstliegende Art und Weise, Meinungen zu rechtfertigen, ist die *inferentielle Rechtfertigung*. In ihrer explizitesten Form besteht diese Rechtfertigung darin, einen Schluss zu liefern, der aus einer oder mehreren Meinungen als Prämissen zu der zu rechtfertigenden Meinung als Konklusion gelangt" (Bonjour, in: Bieri, S.240).

Wenn man das akzeptiert, zeichnet man ein „Basiswissen" aus, aus dem das übrige Wissen abgeleitet werden kann. Dieses Basiswissen (spontane Meinungen, die kein Produkt eines Überlegungsprozesses sind, sondern z. B. auf Wahrnehmung und Erinnerung beruhen und denen als „selbstgerechtfertigte" Meinungen eine besondere Bedeutung beigemessen wird) wird meist empirisch begründet (mit Hilfe der sinnlichen Wahrnehmung). Die große Beliebtheit dieses naturalistischen Ansatzes wird verständlich, wenn man feststellt, dass im Amerika der dreißiger und vierziger Jahre die Naturwissenschaften als Musterbeispiel für Gewissheit angesehen wurden.

Ein Beispiel für eine solche Rechtfertigung von Wissen ist die von Benacerraf bevorzugte kausale Theorie des Wissens von Alvin I. Goldman, die als Antwort auf das Gettier-Problem entstanden ist. Sie beschränkt sich auf die Erklärung von empirischem Wissen (zurückführbar auf Wahrnehmung, Erinnerung, Zeugenaussagen) und geht davon aus, dass kausale Beziehungen zwischen der Welt und unseren Meinungen bestehen müssen, damit wir Wissen besitzen. Goldman gesteht zwar ein, dass noch nicht einmal das einfachste Wahrnehmungswissen unabhängig von Schlussfolgerungen ist (Schluss von den Sinnesdaten auf Tatsachen über physikalische Gegenstände), behauptet aber, „dass die 'Aneinanderreihung' einer Kausal- und einer Schlusskette als Ganzes eine Kausalkette ist" (in: Bieri, S.154). Er geht sogar noch weiter: „Ich bin geneigt zu sagen, dass Schließen ein kausaler Vorgang *ist*: Wenn jemand seine Überzeugung von einem Satz auf seine Überzeugung von einer Menge anderer Sätze *gründet*, dann kann man seine Überzeugung von letzteren Sätzen als Ursache seiner Überzeugung von dem ersten Satz betrachten" (in: Bieri, S.154). Er fordert allerdings nicht, dass Tatsachen direkt Ursachen von durch sie gerechtfertigten Meinungen sein müssen (das würde Wissen über die Zukunft ausschließen), sondern, dass Tatsachen und mit ihnen verknüpftes Wissen auch indirekt über eine *gemeinsame* Ursache verbunden sein können (in: Bieri, S.157).

Wie man am Beispiel der kausalen Theorie des Wissens sieht, spielt die Unterscheidung von Ursachen und Gründen in der gegenwärtigen Erkenntnistheorie eine wichtige Rolle. Es ist allerdings schwierig, Ursachen und Gründe bei alltäglichen Beispielen genau auseinanderzuhalten. Ursachen sind Antworten auf die Frage: „Wie bist Du darauf gekommen?", entstammen also der Psychologie, Gründe sind Antworten auf die Frage: „Wie begründest Du Deine Auffassung?", kommen also aus dem Bereich der Logik, Argumentation. Betrachtet man Wissen als ein besonderes Meinen, so muss man unterscheiden, dass Meinungen einmal als Ursache für sprachliche und andere Handlungen/Meinungen verstanden werden können, zum anderen als Grund für Wissen/Meinungen. Im ersten Fall sind Meinungen kausal mit anderen Meinungen verbunden, im zweiten Fall inferentiell, d.h. durch Folgerung, Begründung. Der kausalen Theorie des Wissens wird häufig der Vorwurf des Psychologismus gemacht, d.h. dass sie das Problem der Rechtfertigung (durch Gründe/Argumente) auf die Verursachung/Genese von Meinungen reduziert.

Obwohl fundamentalistische/naturalistische Theorien des Wissens an der Intuition von Wissen anknüpfen, werfen sie also zahlreiche Probleme auf:

- Wie können wir einen Zugang zu einer von Beschreibung unabhängigen Welt haben? Ist das Sprechen vom „Gegebenen" nicht ein „Mythos" (W. Sellars, in: Bieri, S.209)? Sellars leugnet nicht die Bedeutung des empirischen Wissens, kritisiert aber den statischen Charakter des Wissens in fundamentalistischen Theorien: „Denn das empirische Wissen wie seine differenzierte Erweiterung, die Wissenschaft, ist rational, nicht weil es ein *Fundament* hat, sondern weil es sich um ein selbstkorrigierendes Unternehmen handelt, das jede Behauptung in Frage stellen kann, wenn auch nicht *alle* auf einmal." (Sellars, in: Bieri, S.215 f.).

- Quine hat darauf hingewiesen, dass sich auf der Grundlage einer solchen Theorie die „Beziehung zwischen dem mageren Input und dem überwältigenden Output" (Quine: Naturalisierte Erkenntnistheorie, 1975, S.115, zitiert nach Bieri, S.322) nicht erklären lässt.

- Es gibt bis heute keine befriedigende Theorie, die die Verwandlung von Sinnesreizungen (durch die äußere Welt) in Meinungen über diese Welt befriedigend erklären kann.

- Gegen den „Mythos des Gegebenen" argumentierte z.B. Kant, dass die Gegenstände der Welt Produkte des denkenden Ich sind. Ein Tisch

wird erst durch den Menschen zum Tisch, ist es nicht in einer Welt ohne Menschen.
- Der Naturalismus bietet dem Skeptiker besonders gute Angriffspunkte. Seine Einwände können auch nicht einfach durch Gesten (wie z. B. Moore, der seine Hand ausstreckte und sagte: „Dies ist ein materieller Gegenstand. Also existiert Materie." s. Wittgenstein 1949) aus der Welt geschafft werden. Zwischen dem Satz „Dies ist ein materieller Gegenstand" und der philosophischen These „Es gibt äußere Dinge" besteht kein einfacher deduktiver Zusammenhang (vgl. Stroud, in: Bieri, S.315).
- Wie sollen mathematisches und ethisches Wissen (also nichtempirisches, nicht-deskriptives Wissen) erklärt werden?

(b) Internalistische oder Kohärenztheorien
Nach Auffassung der Kohärenztheoretiker können nicht einzelne, isolierte Meinungen (auch keine basalen Meinungen) gerechtfertigt werden, sondern nur ganze Systeme von Meinungen. Der Begriff der Kohärenz ist dabei allerdings vage. Fest steht nur, dass er stärker als Konsistenz oder Widerspruchsfreiheit ist. Es gibt im Prinzip keine basalen (oder voraussetzungslos glaubwürdigen) empirischen Meinungen und kein Fundament des empirischen Wissens. Damit gibt es auch nicht die Möglichkeit inferentieller Rechtfertigung. „Eine Folgerung ist gerechtfertigt, wenn sie in eine gerechtfertigte Gesamtdarstellung eingebettet ist" (Harman, in: Bieri, S.118). Die Kohärenztheorie verfolgt also einen holistischen (= ganzheitlichen) Ansatz. Das Problem stellt sich dann, wie ein kohärentes Meinungssystem an die „Wirklichkeit" gebunden werden kann, um damit dem Relativismus entgegentreten zu können. Jede Kohärenztheorie braucht eine Verankerung „In der Welt", wenn sie empirisches Wissen erklären will. Eine der Kohärenztheorie ähnliche Auffassung vertreten Quine, Sellars, Harman, Lehrer u.a.

Die beiden bisher dargestellten Theorien werfen also grundlegende philosophische Probleme auf, die innerhalb dieser Theorien nicht zu lösen sind. Interessanter scheinen die Versuche zu sein, Kohärenztheorie und Fundamentalismus/Naturalismus zu verbinden.

(c) Verbindung von Naturalismus/Fundamentalismus und Kohärenztheorie
Bonjours (in: Bieri, S.260 ff.) geht davon aus, dass es wenig wahrscheinlich ist, dass sich kohärente Systeme halten können, wenn sie in Widerspruch zu Beobachtungswissen treten. Er weist nach (in: Bieri, S.252 ff.), dass auch Beobachtungswissen und introspektives Wissen sich mit einer strengen Kohärenztheorie vereinbaren lassen. Dabei muss

der „Input" aus der Welt „eher *kausal* als epistemisch" (in: Bieri, S.256) verstanden werden, d.h. es muss zwischen Ursachen und Gründen für Meinungen unterschieden werden. Meinungen können kausal gewonnen werden, müssen aber dann innerhalb des Systems gerechtfertigt oder begründet werden. Jede Rechtfertigung für empirische Aussagen ist letztlich eine Sache der Kohärenz. Andererseits haben auch Theorien über Nichtbeobachtbares kausale Wirkungen auf Beobachtbares, sind also nützlich. Problematisch bei Bonjours ist die - nur intuitiv begründete - Unterscheidung von Beobachtungswissen und theoretischem Wissen (sie wird z. B. von Davidson abgelehnt). Vertreter einer solchen „Mischform" sind: Goodman, Scheffler, Rescher, Davidson.

Neben dem Fundamentalismus von Chisholm hat sich die Kohärenztheorie des Wissens in der gegenwärtigen Diskussion durchgesetzt.

Bieri (Bieri, S.39 ff.) weist darauf hin, dass Wissen nur dadurch gerechtfertigt ist, dass es einen inneren Bezug zur Wahrheit hat. Das Thema einer philosophischen Erkenntnistheorie lasse sich parallel zur Ethik formulieren als die Frage: Was sollen wir glauben? Gesucht sei eine normative Theorie der Rationalität. Auf diese Weise wird deutlich, dass es nicht vorrangig um eine deskriptive Aufgabe geht, sondern um eine präskriptive: „Eine Meinung als gerechtfertigt zu identifizieren heißt dann nicht, eine *Beschreibung*, sondern eine *Bewertung* von ihr zu geben" (Bieri, S.42). Deswegen greifen seiner Meinung nach naturalistische Erkenntnistheorien zu kurz. Auch Putnam (1993) weist auf den normativen/ethischen Aspekt der Epistemologie hin, auch wenn er seine Aussagen nicht - wie Bieri - mit dem Zusammenhang von Epistemologie und Ontologie begründet.

Goodman ist der Meinung, dass der Begriff Wissen überhaupt keinen Platz mehr in der Philosophie haben sollte: „Schließlich wird das Wissen, von Gewissheit und Ungewissheit gleichermaßen heimgesucht, in unserer Neufassung von Verstehen abgelöst. Während Wissen bezeichnenderweise der Wahrheit, der Überzeugung und der Erhärtung bedarf, braucht Verstehen keines davon" (Goodman 1993, S.212, s.a. Goodman 1993, S.179-201).

3.1.3 Sonderstellung der Mathematik

Die Mathematik hat neben der Theologie in der philosophischen Diskussion immer eine besondere Rolle gespielt. Dies liegt in folgendem begründet:
1. Sie wurde bis ins 19. Jahrhundert mit theoretischer Philosophie und Theologie als nicht-empirische, also theoretische Wissenschaft angese-

hen, da ihre Objekte (z. B. Zahlen oder geometrische Figuren) als abstrakt bzw. ideell angesehen wurden.
2. Mathematik galt als die Wissenschaft, wo es absolute Wahrheit und sicheres Wissen gibt.
- Ihre Sätze galten objektiv, unabhängig vom Menschen, also auch unabhängig von der Sprache, also auch in einer Welt ohne Menschen. Menschen entdeckten mathematische Wahrheiten, sie erfanden sie nicht.
- Mathematisches Wissen war rein durch Vernunftschlüsse gerechtfertigt, war also ein Beweis für eine allen Menschen gemeinsamen Vernunft.
- Mathematik war anwendbar, da die Welt sich nach ihren Gesetzen richtete, obwohl sie häufig ohne Blick auf die Natur und die Welt formuliert worden waren, also war mathematisches Wissen Wissen über die empirische Welt.

Durch diese Auffassungen war Mathematik das überzeugendste Argument des sog. Rationalismus, d.h. des Glaubens, dass reine Vernunfterkenntnisse über die Welt möglich sind, und das Vorbild für Wissenschaft überhaupt.

Diese Sonderstellung ist auch durch die innermathematische Entwicklung des vorigen Jahrhunderts problematisch geworden, so dass sich an dieser Stelle ein Rückblick auf die historische Entwicklung anbietet.

3.2 Vorgeschichte des Benacerrafschen Dilemmas

Natürlich sind die Probleme von Wahrheit und Wissen in der Mathematik nicht erst durch das Benacerrafsche Dilemma in den Blickpunkt gerückt. Die besondere Form, die sie dort annehmen, wird durch einen Blick auf die Geschichte deutlicher.

3.2.1 Euklid und die Folgen

Die in 3.1.3 skizzierte Vorstellung von Mathematik wurde geprägt durch einen der Bestseller der Weltliteratur, die „Elemente" des Euklid, der etwa um 300 v.u.Z. verfasst wurde. In diesem Buch hat Euklid das gesamte geometrische Wissen seiner Zeit so zusammengefasst, dass er alle damals bekannten und z. T. bewiesenen Sätze der Geometrie in ein System brachte, so dass sie Folgerungen von einigen wenigen (nämlich fünf) Axiomen waren. Die Axiome begründete er damit, dass ihre Wahrheit unmittelbar einsichtig sei.

Beispiele für Axiome:
- Zwei Punkte bestimmen genau eine Gerade.
- Die Strecke ist die kürzeste Verbindung zweier Punkte.

Die „Elemente" erreichten bis ins vorige Jahrhundert eine höhere Auflage als die Bibel und lieferten ein Modell für das, was Wissenschaft sein sollte: ein System von Aussagen, die aus unmittelbar einsichtigen Grundaussagen hergeleitet werden. Dieses axiomatische Verständnis von Wissenschaft war so einflussreich, dass Spinoza noch im Jahre 1675 eine Ethik „more geometrico", also im Stil der „Elemente" schrieb.

Andererseits gab es seit der Antike immer Zweifel daran, ob dieses Programm durchführbar ist.
- Es wurde bereits von Schülern Euklids die Frage aufgeworfen, ob das berühmte fünfte Axiom, das sog. Parallelenaxiom, unabhängig von den übrigen Axiomen ist, d.h. ob es nicht ein Satz ist, der aus den vier anderen Axiomen hergeleitet werden kann. In einer modernen Fassung lautet das fünfte Axiom: Zu jeder Geraden und zu jedem Punkt außerhalb dieser Geraden gibt es genau eine Gerade durch diesen Punkt, die die gegebene Gerade nicht schneidet.
- 1734 hat Berkeley darauf aufmerksam gemacht, wie wenig die Differential- und Integralrechnung mit der durch das Euklid-Vorbild geprägten Idee der Mathematik übereinstimmte.
- Die nichtgeometrischen Teile der Mathematik (z. B. Arithmetik) wurden als minderwertig angesehen, da es für sie kein solches axiomatisches Programm gab.

3.2.2   Die sog. Grundlagenkrise

Die Lösung des Parallelenproblems führte im 19. Jahrhundert zu einer Krise.

1825 ersetzte Lobatschewski das Parallelenaxiom durch das neue Axiom „Zu einer Geraden gibt es mindestens zwei parallele Geraden durch einen außerhalb von ihr liegenden Punkt". Er wies nach, dass diese Ersetzung nicht im Widerspruch zu den übrigen vier Axiomen stand. Also musste das Parallelenaxiom unabhängig sein. 1854 kam Riemann zu dem gleichen Ergebnis, als er das fünfte Axiom durch den Satz: „Zu einer Gerade und einem Punkt gibt es überhaupt keine parallele Gerade durch diesen Punkt".

Damit konnte Euklid auf der einen Seite einen späten Triumph feiern, aber auf der anderen Seite passierte eine Katastrophe: Neben der durch die Euklid-Axiome festgelegten Geometrie waren auch noch andere, sog. nicht-euklidische Geometrien denkbar. Um sie überhaupt mit einer Vorstellung zu verbinden, müssen die Grundbegriffe Punkt, Gerade, Winkel usw. mit neuen Anschauungen verbunden werden, z. B. indem man als Grundfläche nicht mehr eine Ebene, sondern eine Kugel annimmt. Diese Geometrien waren aber nicht nur denkbar, sondern Einstein zeigte, dass sie z. T. viel besser geeignet sind, moderne physikalische Phänomene zu beschreiben. Damit brach der eindeutige Zusammenhang zwischen mathematischen Zeichen und der Welt zusammen. Es gab nicht mehr nur *eine* Welt als Bedeutung der mathematischen Zeichen, sie wurden offen für verschiedene Interpretationen.

In der zweiten Hälfte des 19. Jahrhunderts wurden nun verschiedene Versuche unternommen, das Euklidische Ideal einer unmittelbar einsichtigen Grundlage der Mathematik zu retten. Ein guter Kandidat zur Ablösung der Geometrie schien die neu entwickelte Mengenlehre zu sein, die sich wiederum auf Logik zurückführen ließ. Die Widersprüche der Mengenlehre konnten aber nur durch ein aufwendiges logisches System vermieden werden. Ein Beispiel für diese Widersprüche ist die sog. Russellsche Antinomie: Der Begriff „Menge M aller Mengen R, die sich nicht selbst als Element enthalten" führt zu folgendem Widerspruch: Enthält M sich selbst als Element, dann enthält M sich nach Definition von M nicht als Element. Enthält M sich selbst nicht als Element, dann enthält M sich nach Definition als Element. Populär ist dieser Widerspruch der Rückbezüglichkeit in der Form des Barbiers von Sevilla geworden, der alle rasiert, die sich nicht selbst rasieren. Rasiert er sich selbst, dann darf er sich nicht rasieren. Rasiert er sich nicht selbst, dann muss er sich rasieren. Es war also nicht möglich, die Euklidischen Axiome durch andere, ebenso elementare und unmittelbar einsichtige Axiome zu ersetzen.

Bertrand Russell (1872 1970), der diesen Weg versucht hatte, fasste seine Bemühungen 1941 folgendermaßen zusammen:

„Ich wollte Gewissheit in der Weise, in der die Menschen Religion wollen. Ich glaube, dass Gewissheit in der Mathematik eher zu finden ist als anderswo. Doch ich entdeckte, dass viele mathematische Beweisführungen, welche meine Lehrer mir beibringen wollten, voller Trugschlüsse waren und dass, falls Gewissheit in der Mathematik überhaupt zu entdecken war, dies in einem neuen mathematischen Gebiet mit solideren Grundlagen sein müsste als diejenigen, die man bisher für sicher gehalten hatte. Doch als die Arbeit fortschritt, wurde ich immer wieder an die Fabel vom Elefanten und der Schildkröte erinnert. Nachdem ich einen Elefanten konstruiert hatte, auf dem die mathematische Welt ruhen konnte, begann der Elefant plötzlich zu schwanken, und ich machte mich daran, eine Schildkröte zu konstruieren, um den Elefanten aufrecht zu halten. Doch die Schildkröte hatte keinen besseren Stand als der Elefant, und nach ungefähr zwanzig Jahren harter, zäher Arbeit kam ich zu dem Schluss, dass ich nichts mehr tun konnte, um die mathematische Erkenntnis gewiss zu machen" (Bertrand Russell, Portraits from Memory).

Wenn schon nicht die Wahrheit der Mathematik als unmittelbar einsichtiger, eindeutiger Zusammenhang zwischen Mathematik und Welt zu retten war, vielleicht konnte wenigstens die Gewissheit, die Sicherheit der mathematischen Sätze gerettet werden, wenn man auf ihre Interpretation verzichtete.

Diesen Weg ging David Hilbert (1862-1943) mit seiner Beweistheorie:

„[Meine Theorie] hat zum Ziel, die definitive Sicherheit der mathematischen Methode herzustellen... Es soll zugegeben werden, dass der Zustand, in dem wir uns gegenwärtig angesichts der Paradoxien befinden, für die Dauer unerträglich ist. Man denke: In der Mathematik, diesem Muster von Sicherheit und Wahrheit, führen die Begriffsbildungen und Schlüsse, wie sie jedermann lernt, lehrt und anwendet, zu Ungereimtheiten. Und wo soll sonst Sicherheit und Wahrheit zu finden sein, wenn sogar das mathematische Denken versagt?"

Schweren Herzens (er glaubte nämlich selbst noch an die Wahrheit) entwarf er ein Programm, in dem die mathematischen Symbole keine Bedeutung mehr hatten, aber durch Festschreibung von Umformungsregeln gewährleistet sein sollte, dass Zeichenketten aus anderen korrekt hergeleitet werden können:

„Wenn ich unter meinen Punkten irgendwelche Systeme von Dingen z. B. das System: Liebe, Gesetz, Schornsteinfeger... denke und dann nur meine sämtlichen Axiome als Beziehungen zwischen diesen Dingen annehme, so gelten meine Sätze, z. B. der Pythagoras, auch von diesen Dingen" (Hilbert 1941).

Ein primitives Beispiel einer solchen rein axiomatischen Theorie ist auf der folgenden Seite zu sehen.

In diesem Fall sind die vorkommenden Symbole reine Zeichen, die keine Bedeutung haben. Dass ein Satz wahr sein soll, kann dann nur bedeuten, dass er korrekt aus den Axiomen abgeleitet ist.

Damit war nachgewiesen, dass die rationalistische Auffassung der Mathematik nicht mehr haltbar war, dass das beste Argument für den Rationalismus nicht mehr zu halten war. Weder die Wahrheit (Bedeutung der Zeichen, Bezug zur Welt) noch das sichere Wissen der Mathematik durch Beweis waren zu retten.

„Gott existiert, weil die Mathematik widerspruchsfrei ist, und der Teufel existiert, weil wir es nicht beweisen können." (Weil)

Beispiel eines axiomatischen Systems

1. Vorkommende Zeichen

   🚑, ▶, 🏛, ♪, →

2. Axiome
   1. 🏛 ♪
   2. ♪ 🚑 ▶

3. (Umformungs-)Regeln
   1. 🏛　　　　→　▶🚑
   2. ▶🚑　　　→　🚑▶
   3. 🚑▶　　　→　🏛 🏛
   4. ▶🚑▶🚑　→　♪

4. Beispiel eines Beweises

Satz: 🚑▶ ♪
Beweis:
🏛 ♪ (Ax.1) → ▶🚑 ♪ (R1) → 🚑▶ ♪

　　　　　　　　　　　　　　　　q.e.d.

Nach diesem Schock gaben es die Mathematiker endgültig auf, sich mit philosophischen Fragestellungen und dem Inhalt und der Rechtfertigung ihrer Arbeit zu beschäftigen. Diese Diskussion ist aber von der Öffentlichkeit nicht verstanden oder nicht zur Kenntnis genommen worden, so dass die Autorität der Mathematik keine Einbuße erlitten hat. Es ist aber auffallend, wie wenig Mathematiker heute in der Lage sind, auch einer interessierten Öffentlichkeit (z. B. den Geldgebern für die mathematische Forschung) zu erklären, was sie überhaupt treiben (s. Davis/Hersh, S.30 f.).

Nach Einschätzung zweier prominenter amerikanischer Mathematiker (Davis, Hersh) sind die Mathematiker werktags Platoniker und sonntags Formalisten. Damit ist gemeint:

Solange sie Mathematik betreiben, behandeln sie mathematische Objekte als real existierend. Fragt man aber nach, wie denn nun z. B. die Welt der Zahlen aussehe und durch welche magischen Fähigkeiten sie Zugang dazu hätten, dann ziehen sie sich auf den formalistischen Standpunkt zurück und behaupten, Mathematik sei ein formales Spiel. Fragt man sie dann, wieso mathematische Formeln so erfolgreich angewendet werden können, dann wissen sie nicht weiter.

Bietet die Philosophie vielleicht einen Ausweg?
Dass dieser Glaube der Formalisten, dass alle formal korrekten Sätze der Mathematik aus Axiomen hergeleitet werden können, falsch ist, wurde von Kurt Gödel (1906-1978) in seiner kurzen (etwa 25 Seiten) und genialen Doktorarbeit von 1931 bewiesen: In jedem widerspruchsfreien formalen System, das die elementare Arithmetik, also unsere gewöhnlichen Rechenarten, umfasst, gibt es Sätze mit der merkwürdigen Eigenschaft: Weder der Satz noch seine Negation können abgeleitet werden. Ein viel diskutiertes Beispiel für einen solchen Satz ist die Kontinuumshypothese. Nimmt man diese Sätze als zusätzliche Axiome in das System auf, dann gibt es wieder neue Gödel-Sätze, so dass es kein endliches Axiomensystem geben kann, aus dem alle möglichen Sätze einer Theorie abgeleitet werden können. Später hat Gödel darüber hinaus nachgewiesen, dass auch die Widerspruchsfreiheit der Arithmetik nicht bewiesen werden kann.

3.2.3 Tendenzen in der modernen Philosophie

Während die Mathematiker zur Zeit der sog. Grundlagenkrise damit beschäftigt waren, das rationalistische Dogma zu retten, arbeiteten die Philosophen an anderen Projekten:

Ludwig Wittgenstein (1889-1951) z. B. erteilte dem Problem der Grundlegung der Mathematik eine radikale Absage: „Die *mathematischen* Probleme der sogenannten Grundlagen liegen für uns der Mathematik so wenig zu Grunde, wie der gemalte Fels die gemalte Burg trägt." Er wandte sich anderen Problemen zu: Kann man Mathematik als eine Wissenschaft des Regelfolgens verstehen, wobei sowohl Rechnen als auch Beweise als Beispiele für solche Regeln angesehen werden?

a)   Die semantische Wahrheitstheorie von Tarski

Ein Problem der traditionellen Korrespondenztheorie der Wahrheit war, dass sie als Übereinstimmung zwischen sprachlichen Äußerungen und der Welt gesehen wurde, der Bezug zwischen Sprache und Welt aber nicht erklärt werden konnte. Auf Frege (1848-1925) ist die für die moderne Philosophie richtungweisende Auffassung zurückzuführen, dass Tatsachen keine außersprachlichen Phänomene sind, sondern „wahre Gedanken". Alfred Tarski (geb. 1902) ist es im Jahre 1936 mit seiner Arbeit „Der Wahrheitsbegriff in den formalisierten Sprachen" gelungen, diesen semantischen Wahrheitsbegriff für künstliche Sprachen zu präzisieren.

Seine Theorie gründet sich auf die folgenden Leitgedanken:

1)   *Konvention T (Bedingung für eine Wahrheitsdefinition)*
Eine Wahrheitstheorie muss zumindest die Eigenschaften haben, dass folgende Sätze aus ihr abgeleitet werden können:
„Die Aussage >Schnee ist weiß< ist wahr genau dann, wenn Schnee weiß ist."
oder:
Konvention (T)   „X ist wahr genau dann, wenn p",
wobei p ein Satz und X der Name dieses Satzes ist.

Die Konvention (T) ist eine Bedingung für Wahrheitsdefinitionen. Sie fordert, dass die formalisierte Sprache aus einer Objektsprache und einer Metasprache besteht, die die Namen, logische Beziehungen und das Prädikat „wahr" enthält. Die Metasprache muss deshalb wesentlich reichhaltiger sein als die Objektsprache. Die Konvention (T) sagt aber nichts darüber, unter welchen Bedingungen p der Fall ist. Wahrheit ist unter dieser Bedingung ein philosophisch neutraler Begriff, ein Mittel zum „semantischen Aufstieg", für das „Erheben" von Aussagen von der Objektsprache zur Metasprache.

2)   *Rekursive Definition der Wahrheit und Erfüllung*
Durch die Konvention T wurde die Wahrheit eines Satzes X darauf zurückgeführt, dass p der Fall sein soll. Wann ist diese Bedingung erfüllt?
- Analyse des Satzes: Jeder Satz einer künstlichen Sprache lässt sich mit Hilfe der Logik auf elementare Bausteine zurückführen: eine endliche bzw. abzählbar-unendliche Anzahl von undefinierten oder „primitiven" Termen/Gegenständen und eine endliche Anzahl von Prädikaten.

ZEICHEN	INTERPRETATION (WELT)	WAHRHEIT
a	a,b,c,d: Objekte	
b	P: einstelliges Prädikat O	
c	F: zweistelliges Prädikat →	
d		
P(a)		P(a) w
P(b)		P(b) f
P(d)		P(d) w
F(a,b)		F(a,b) w
F(b,d)		F(b,d) w
F(b,a)		F(b,a) f
F(a,a)		F(a,a) f
F(d,b)		F(d,b) f

```
a ⊕ ————————▶ + b
                │
                │
                ▼
c +             ⊕ d
```

- Für diese primitiven Terme wird mit Hilfe einer Liste primitive Referenz (Tarski spricht von Erfüllbarkeit, um mehrstellige Prädikate nicht auszuschließen) definiert (ohne semantische Wörter wie wahr). D.h. jedem Term wird ein Gegenstand der „Welt" zugeordnet.
- Die Bedeutung der Prädikate wird durch Verwendungsregeln festgelegt.

Wie der Tarskische Ansatz funktioniert, soll an dem Beispiel auf der nächsten Seite verdeutlicht werden. Die formalen Zeichen der Theorie (F(a,b), F(B,d), F(b,a) F(a,a), F(d,b), P(a), P(b), P(d)) werden naheliegend so interpretiert, dass a,b,c Objekte der Theorie sind, die Punkten zugeordnet werden. P ist ein einstelliges Prädikat, das als Kreis um diesen Punkt gedeutet werden soll. F ist ein zweistelliges Prädikat, das als Pfeil zwischen zwei Punkten gedeutet werden soll.

Legt man die Skizze unten in der Mitte als Modellwelt zugrunde, dann können den Sätzen der Theorie Wahrheitswerte zugeordnet werden.

Der zweite Leitgedanke von Tarski ist also, Wahrheit als abgeleiteten Begriff zu sehen und auf Erfüllung/Referenz/Interpretation zurückzuführen.

Auf die Frage, wie seine Wahrheitstheorie einzuordnen ist, äußerte sich Tarski selbst widersprüchlich. Zum einen bezeichnete er seinen Wahrheitsbegriff als philosophisch neutral (Skirbekk, S.169), zum anderen leistete er der heute geläufigen Ansicht Vorschub (wie bei Benacerraf), dass sie mit einer Korrespondenztheorie verbunden ist (Skirbekk, S.143).

Tarski sagt selbst, es gebe auch bezüglich einer Semantik wahre Sätze, die nicht beweisbar sind. Dieses Ergebnis steht in enger Beziehung zu Gödels Unvollständigkeitssatz (1931).

Tarski ging davon aus, dass sein Wahrheitsbegriff mit dem der Umgangssprache verträglich sei, was aber eher eine Behauptung bleibt, da er sich ja bewusst auf formalisierte Sprachen beschränkt, in denen meist nur die Objektsprache formalisiert ist, die verschiedenen Sprachebenen also deutlich unterschieden werden können. Die Bemühungen um eine Formalisierung der Umgangssprache (siehe z. B. Montague), die nach Tarski „semantisch geschlossen" und inkonsistent ist, haben noch nicht zu einem befriedigenden Ergebnis geführt. Nach Auffassung von Davidson besteht das Problem vor allem darin, dass zum einen die Analyse der Sätze in der Umgangssprache komplizierter ist als in einer künstlichen Sprache und zum anderen die Liste der Gegenstände unendlich ist und nicht eindeutig herzustellen ist.

Goodman (Goodman 1990, S.147) bezeichnet die Tarskische Wahrheits-"formel" als gängig, aber uninformativ: „'Schnee ist weiß' ist gemäß einer wahren Version dann und nur dann wahr, wenn Schnee gemäß dieser Version wahr ist". Als Tests für Wahrheit sind seiner Meinung nach Nützlichkeit und Kohärenz geeigneter (Goodman 1990, S.148).

b) Der Holismus von Quine

Unter dem Einfluss von W.V.Quine (geb. 1908), des einflussreichsten amerikanischen Philosophen der Gegenwart, wurden in den 50er und 60er Jahren die naiven Vorstellungen des Empirismus, dass Meinungen und Bewusstseinsinhalte ein physikalisch/chemisches Abbild der Wirklichkeit im Bewusstsein sind, aufgegeben. Eine der Grundideen von Quine ist, dass es grundsätzlich nicht möglich ist, theoretische Sätze und Beobachtungssätze zu unterscheiden. Alle theoretischen Sätze (auch Sätze der Logik) haben eine Basis in der Welt, Beobachtungen sind „theoriegetränkt" und setzen immer eine Theorie über die Welt voraus. Sprache, und mit ihr Erkenntnis, wird als ein einziges großes Netzwerk gesehen, das als ein Ganzes durch Erfahrung beeinflusst wird. Erkenntnis ohne Erfahrung gibt es nach Quine nicht. Für den Wahrheitsbegriff hat dieser Ansatz die Konsequenz, dass Wahrheit nicht als Übereinstimmung einzelner Sätze mit Tatsachen der Welt verstanden werden kann, sondern sich nur auf ein System als Ganzes beziehen kann. Wahrheit wird dann als Kohärenz verstanden, wobei der Begriff der Kohärenz nicht klar ist, denn es konnte bisher noch nicht präzisiert werden, was er mehr als Widerspruchsfreiheit eines Systems von Sätzen besagt.

Quines Ansatz wird als Holismus, d.h. Ganzheitslehre, bezeichnet. Wenn nun abstrakte und konkrete, theoretische und empirische Gegenstände nicht grundsätzlich getrennt werden können, dann ist es vielleicht möglich, Benacerrafs Wunschvorstellung zu erfüllen und eine Theorie zu finden, die Wahrheit und Wissen gleichermaßen erklärt und für die Mathematik, die übrigen Wissenschaften und das Alltagsdenken zutrifft. Dieser Ansatz für Wahrheit wurde von Donald Davidson weiter entwickelt (s.S.45).

Unter dem Einfluss dieser beiden Entwicklungen wurde das Problem von Wahrheit und Wissen in der Mathematik von Philosophen neu angegangen. Dass Paul Benacerraf 1973 das Dilemma von Wahrheit und Wissen in der Mathematik so zuspitzen konnte, hängt also mit folgenden Entwicklungen zusammen:
- Seit der sog. Grundlagenkrise der Mathematik kann das rationalistische Dogma, dass es möglich ist - wie das Beispiel der Mathematik zeigt - , reine Vernunfterkenntnisse über die Welt zu erhalten, nicht länger aufrechterhalten werden. Der Rationalismus wird in der Gegenwart

WAHRHEIT	WISSEN
Übereinstimmung zwischen sprachlichen Aussagen und Tatsachen der Welt (sog. Korrespondenztheorie der Wahrheit) *Ontologie:* Lehre vom Seienden, der „Welt"	gerechtfertigter wahrer Glaube *Erkenntnistheorie:* Was können wir wissen?
SEMANTIK	**SYNTAX**
Lehre von den Bedeutungen von Wörtern/Sätzen (Bezug von Sprache und Welt): *Interpretation*	Lehre von den Beziehungen zwischen den Zeichen: formale/grammatikalische Struktur
RATIONALISMUS	**EMPIRISMUS**
ratio, lat.: Vernunft, Verstand Glaube, dass es reine Vernunfterkenntnisse über die Welt gibt	Empeiria, griech.: Erfahrung Glaube, dass nur Sinnesdaten Erkenntnisse über die Welt liefern
PLATONISMUS	**FORMALISMUS**
Glaube, dass auch abstrakte Objekte eine eigenständige Existenz haben Zweiweltentheorie: Welt der empirischen Objekte - Welt der abstrakten Objekte	Glaube, dass nur empirische Objekte eine Existenz haben und dass abstrakte Begriffe reine Zeichen sind.

nur mehr eingeschränkt (z. B. als kritischer Rationalismus bei Popper) als philosophisches Erklärungsmodell akzeptiert.
- Der Empirismus ist - vor allem in der angelsächsischen Welt - die vorherrschende philosophische Richtung geworden. Für die klassischen empiristischen Theorien war Mathematik ein Dorn im Fleische, und sie wurde meist übergangen, da es keine Erklärung dafür gab, sie in das System der übrigen Wissenschaften zu integrieren. Die neuen Ansätze - z. B. von Quine - weisen in die Richtung, traditionelle Dualismen (Rationalismus - Empirismus; Vernunft - Erfahrung; Theorie - Praxis; Se-

mantik - Syntax; Platonismus - Nominalismus usw.) in Frage zu stellen und nach Ansätzen zu suchen, die eine Verbindung ermöglichen.

Mit seinem Dilemma weist Benacerraf darauf hin, dass es in der Philosophie der Mathematik noch nicht gelungen ist, über den Dualismus von Wahrheit und Wissen, Semantik und Syntax, Platonismus und Formalismus hinauszukommen und eine empiristische Erklärung für die Mathematik zu liefern.

3.3 Der Dualismus von Benacerraf und Davidsons Philosophie der Interpretation

Wie schon auf S.11-14 dargestellt wurde, legt Benacerraf seiner Zuspitzung des Dilemmas von Wahrheit und Wissen eine idealtypische Konstruktion zugrunde, die zum Dualismus führt, d.h. zu Begriffspaaren, die sich gegenseitig ausschließen:
- "Standardsicht" und „kombinatorische Sicht"
- Platonismus und Formalismus
- Wahrheit und Wissen
- Semantik und Syntax
- Mathematik als gewöhnliche (z. B. quasiempirische) oder als besondere Wissenschaft

Diese Zuspitzung ist - wie aus dem Vorangegangenen ersichtlich ist - provokativ gemeint, um die Forschung zu stimulieren. Die philosophischen Hintergründe des Dualismus von Wahrheit und Wissen wurden in den Abschnitten 3.1.1 und 3.1.2 ausführlich dargestellt. An dieser Stelle wird der für die Philosophie der Mathematik wichtige Dualismus von „Standardsicht" und „kombinatorischer Sicht", von Platonismus und Formalismus näher untersucht, um den Versuch einer Überwindung durch Davidson deutlicher werden zu lassen.

3.3.1 „Standardsicht" und „kombinatorische Sicht", Platonismus und Formalismus

Mit „Standard-Sicht" bezeichnet Benacerraf die Position, die von einem semantischen Interesse ausgeht und mit einem platonistischen Standpunkt (z. B. der Zahlen) verbunden ist (s.S.).

Der Begriff „Kombinatorische Sicht" soll dagegen Theorien zusammenfassen, die einen mathematischen Satz als wahr bezeichnen, wenn er formal aus einer bestimmten Menge von Axiomen hergeleitet werden kann. Wahrheit wird dann auf der Grundlage von syntaktischen (kombinatorischen) Eigenschaften der Sätze definiert (s.S.).

Der Unterschied zwischen diesen beiden Sichtweisen besteht also vor allem in der unterschiedlichen Auffassung mathematischer Objekte. In dieser Frage vertritt Benacerraf einen radikalen Standpunkt: Er geht davon aus, dass mathematische Objekte nicht sinnlich wahrnehmbar sind, keinen Platz in der Raum-Zeit-Welt haben. Deshalb gibt es nur die Alternative: entweder sie sind Objekte eines platonischen Ideenhimmels, oder sie sind reine Zeichen ohne Bedeutung.

Der Begriff des **Platonismus** stammt aus der theologischen Diskussion und wird erst seit ca. 100 Jahren im Zusammenhang der nach- bzw. antikantianischen Erkenntnistheorie in allgemeinerer Bedeutung gebraucht. Die Einführung des Begriffs Platonismus in der modernen Logik und Wissenschaftstheorie geht auf Bolzano und Frege zurück.

B. Bolzano (1781-1848) verwandte ihn in dem Sinne, dass er Wahrheiten, Gesetze und Vorstellungen „an sich" zuließ, die „ein nicht in dem Reiche der Wirklichkeit zu suchendes Etwas" sind (zitiert nach Ritter 1989, S.985). Im Gegensatz zu Kant wird also nicht nur die Existenz nicht-anschaulicher (logischer) Gegenstände, Begriffe, sondern auch die von Sätzen und Anschauungen postuliert. Damit geht Bolzano über den historischen Platon hinaus.

Gottlob Frege (1846-1925) betont die Eigenständigkeit einer logischen Erkenntnis aus bloßer Vernunft, über die rein logische Gegenstände erkannt werden können. Wie Bolzano spricht er auch propositionalen Gebilden, die er „Gedanken" nennt, eine Existenz zu. Er spricht von einem „dritten Reich" (neben objektiver Wirklichkeit des Physischen und subjektiver Wirklichkeit des Psychischen), das er transzendental und nicht ontologisch versteht.

Der Begriff Platonismus hat also zwei Aspekte: (a) Betonung des nichtempirischen Status z. B. der Logik, (b) ontologische Existenzbehauptungen (Zweiweltentheorie).

Paul Bernays (1888-1977) wendet den Begriff Platonismus auf die bis dahin Logizismus genannte Position des Grundlagenstreits in der Mathematik an. Er differenziert und verteidigt ihn in seinem 1935 erschienenen Aufsatz „Über den Platonismus in der Mathematik". Unter Platonismus versteht er die Tendenz, die mathematischen „Gegenstände als losgelöst von aller Bindung an das denkende Subjekt zu betrachten" (in: Thiel, S.224). Er unterscheidet den „absoluten Platonismus" oder „Begriffsrealismus" von einem „beschränkten Platonismus". Den absoluten Platonismus, der „die Existenz einer Ideenwelt, die alle Gegenstände und Beziehungen der Mathematik enthält" (in: Thiel, S.226), postuliert, lehnt er ab, da er sich durch die Antinomien der Mengenlehre als unhaltbar erwiesen habe. Der „beschränkte Platonismus" geht davon aus, dass die mathematischen Konzeptionen Modelle für das abstrakte Vorstellen liefern, die nicht an das denkende Subjekt gebunden sind und bestimmte Bereiche der Erfahrung und des Anschaulichen repräsentieren.

Den absoluten Platonismus sieht Bernays in der Tradition des Begriffsrealismus (mittelalterlicher Universalienstreit), so wie Quine später alle drei Grundpositionen des Grundlagenstreites (Logizismus, Konstruktivismus, Formalismus) in Zusammenhang mit dem Universaliensalienstreit sieht (Begriffsrealismus, Konzeptualismus, Nominalismus).

W.V.Q.Quine hat in seinem 1947 erschienenen Aufsatz „Über Universalien" folgendes Kriterium für die Unterscheidung von Platonismus und Nominalismus eingeführt, auf das sich bis heute immer wieder berufen wird: Platonistisch sind die Positionen, die als Werte von Variablen in quantorenlogischen Sätzen nicht nur Individuen zulassen, sondern auch Universalien, wie z. B. Mengen und Eigenschaften.

In den letzten 20 Jahren versteht man unter einem mathematischen Realisten oder Platoniker jemanden, der (a) an die Existenz mathematischer Entitäten (Zahlen, Funktionen, Mengen usw.) glaubt, und (b) glaubt, dass sie unabhängig von der Meinung und der Sprache sind. Die Gesamtheit der Mathematik wird vom Platoniker als ewig und unabhängig vom Menschen angesehen. Es ist die Aufgabe des Mathematikers, diese mathematischen Wahrheiten zu entdecken. Hilary Putnam hat diese Position später (s. Putnam 1993) als „metaphysischen Realismus" bezeichnet. Peter Simons betont die Nähe der Mathematiker zum Platonismus: „The Platonist view is certainly closer to the way in which mathematicians actually talk - qua mathematicians. But do they know what they are talking about?"

Benacerraf verbindet mit seinem Begriff der „Standard-Sicht" den absoluten Platonismus oder metaphysischen Realismus, da er davon ausgeht, dass die mathematischen Objekte außerhalb von Raum und Zeit existieren. Nur so kann er zu der Forderung kommen, dass es eine der natürlichen Sprache (wobei er m. E. hier die Schwierigkeiten der Allgemeinbegriffe unterschätzt) entsprechende Semantik gibt.

Benacerraf charakterisiert den zweiten Standpunkt als „kombinatorisch". Da er davon ausgeht, dass Mathematik dabei ausschließlich als aus formalen Symbolen oder Ausdrücken bestehend angesehen wird, die nach vorgegebenen Regeln oder Abmachungen in endlicher Anzahl kombiniert werden, meint er mit „kombinatorischer Sicht" wohl das, was meist als **„Formalismus"** bezeichnet wird. Mathematik hat für den Formalisten keinen Inhalt, kann also auch keine Semantik haben.

Quine stellt den formalistischen Standpunkt in die Tradition des Nominalismus. Der Begriff des Nominalismus hat aber weder in der Geschichte der Philosophie noch in der Gegenwart eine einheitliche Verwendung gefunden.

Der Begriff *Nominalismus* („via moderna") tauchte zum ersten Mal im mittelalterlichen Universalienstreit auf, wo er als Kampfparole die Gegenposition zum Begriffsrealismus bezeichnet. Der Nominalismus „bestreitet eine Entsprechung zwischen Begriffen [auch als 'flatus voci' bezeichnet, M.Z.] und Sachen, die auf einer Art inhaltlichen Abbildung beruht, die durch 'Abstraktion' vom realen Objekt selbst mit Hilfe eines geistigen Bildes (species) gewonnen wird und dessen wirkliches 'Wesen' in intentionaler Weise wiedergibt" (Ritter 1984, S.875 f.). Nicht die Übereinstimmung, sondern ein unmittelbarer Kausalzusammenhang zwischen Objekt und Erkenntnis begründet die Verwendung bestimmter Begriffe. Dabei werden z. T. empirische bzw. sensualistische (intuitive Erkenntnis der Dinge) Ansichten vertreten. Da Realität nur dem Einzelnen zukommt, tritt die Frage nach der ontologischen Struktur der Dinge in den Hintergrund. Stattdessen treten Fragen der Methodik, Fragen nach dem Funktionszusammenhang des einzelnen Dings mit anderen Dingen und die Beschäftigung mit Mathematik, Naturwissenschaft, Logik und Sprachtheorie in den Vordergrund. Logik wird als die Wissenschaft von den Worten, nicht von Dingen verstanden.

Im 20. Jahrhundert ist der Nominalismus, der sich nicht ausdrücklich auf den Universalienstreit bezieht, vor allem mit den Namen Wittgenstein, Goodman und Quine verbunden. Für den späten Wittgenstein der „Philosophischen Untersuchungen" gibt es keine Vermittlung mehr zwischen den Wörtern und Dingen. Man kennt die Bedeutung eines Prädikats, wenn man seinen Gebrauch beherrscht. Goodman lässt beim Aufbau einer logischen Sprache nur Individuen als Entitäten zu. Quine charakterisiert - wie bereits erwähnt - den Nominalismus dadurch, dass er nur Individuenvariablen erlaubt. Goodman und Quine haben eine nominalistische Syntax-Sprache entwickelt, in der abstrakte Entitäten nicht akzeptabel sind. Aussagen, die sich nicht auf Individuen beziehen, werden nicht als Sätze behandelt, sondern als konkrete Zeichenketten.

Auch formalistisch orientierte Mathematiker verstehen mathematische Ausdrücke als reine Zeichenketten, die manipuliert werden können und denen keine weitere Bedeutung zukommt. Man kann deshalb den Formalismus als eine besondere Ausformung des Nominalismus in der Philosophie der Mathematik ansehen. Formalisten und Nominalisten bemühen sich um eine Syntax-Sprache, wobei sich für den Formalisten die Unterscheidung von Individuen und Allgemeinbegriffen erübrigt, da er mathematischen Objekten prinzipiell keine Bedeutung zuspricht.

Nach Irvines Meinung (Irvine 1990) liegt die besondere Bedeutung nominalistischer Ansätze darin, dass sie an unsere Intuition von Wissen anknüpfen und das Wissen in der Mathematik nicht anders verstehen wollen als in anderen Gebieten. Sie fordern also eine Form von naturalisierter Epistemologie, dass unser Wissen in irgendeiner kausalen Beziehung mit dem Gegenstand unseres Wissens steht. Damit wäre Nominalismus ein anderer Name für die „kombinatorische Sicht" bei Benacerraf.

Davis/Hersh machen den Unterschied zwischen Platonismus und Formalismus an der Kontinuumhypothese deutlich. K. Gödel hatte 1937 bewiesen, dass auf der Grundlage der Axiome der formalen Mengenlehre von Zermelo und Fraenkel die Kontinuumshypothese weder bewiesen noch widerlegt werden kann. „Für einen Platonisten bedeutet das, dass unsere Axiome als eine Beschreibung der Menge der reellen Zahlen unvollständig sind. [...] Die Kontinuumhypothese ist entweder wahr oder falsch, aber wir verstehen die Menge der reellen Zahlen nicht gut genug, um die Antwort zu finden. Dagegen kann der Formalist mit der platonischen Interpretation nichts anfangen, denn es *gibt* ja gar kein System der reellen Zahlen, außer wenn wir beschließen, eines zu schaffen, indem wir Axiome festlegen, die es beschreiben. Selbstverständlich steht es uns frei, dieses Axiomensystem zu verändern, wenn wir das wollen. Eine solche Veränderung kann man aus Bequemlichkeitsgründen vornehmen, oder weil es praktischer ist, oder auf Grund irgendeines anderen Kriteriums, das man einzuführen wünscht; auf keinen Fall kann man jedoch eine bessere Übereinstimmung mit der Realität anstreben, denn eine Realität gibt es nicht" (Davis 1986, S.336).

Nach Einschätzung von Bernays (in: Thiel 1982, S.226) und Davis/Hersh (Davis 1986, S.338) sind die meisten Mathematiker Platoniker. Bernays sagt, „dass es keine Übertreibung ist, wenn man sagt, der Platonismus sei heute [1935, M.Z.] vorherrschend in der Mathematik". Davis/Hersh berufen sich auf Monk, der festgestellt hat, dass „die mathematische Welt zu 65% von Platonikern, zu 30% von Formalisten und zu 5% von Konstruktivisten bevölkert" wird, differenzieren aber diese Aussage: „Die meisten, die sich zu diesem Thema äußern, scheinen darin übereinzustimmen, dass der typische Mathematiker an Werktagen Platoniker und an Sonntagen Formalist ist. Das heißt, dass er, wenn er aktiv Mathematik betreibt, überzeugt ist, dass er es mit einer objektiven Realität zu tun hat, deren Eigenschaften er zu ergründen sucht. Wird er jedoch mit der Forderung konfrontiert, eine philosophische Darlegung dieser Realität zu geben, findet er es doch einfacher vorzugeben, dass er letztlich nicht an sie glaubt" (Davis 1986, S.337). Die Unterscheidung von Platonismus und Formalismus ist für die praktische Arbeit des Mathematikers nicht von Bedeutung. „Vom Standpunkt des Produzenten aus ist die axiomatische Darstellung zweitrangig. Sie ist nur eine Verfeinerung, die vorgenommen wird, nachdem die Hauptarbeit, der mathematische Entdeckungsprozess, abgeschlossen ist" (Davis 1986, S.360).

Benacerraf vereinfacht sehr stark, wenn er alle Richtungen der Philosophie der Mathematik auf den absoluten Platonismus und den Formalismus reduziert.

Differenzierungen der Grundpositionen (in der Frage nach den Objekten der Mathematik) haben dann auch in der Folge dazu geführt, dass das Benacerrafsche Dilemma von einigen als gelöst betrachtet werden konnte (s. 4. Kapitel).

Bei der Aufstellung seines Dilemmas berücksichtigt Benacerraf den *Konstruktivismus* nicht.

Der Konstruktivismus steht in der Tradition von Hobbes (Erkennen als Herstellen) und Kants Kapitel „Transzendentale Ästhetik" der „Kritik der reinen Vernunft". Bei Kant sind mathematische Objekte nicht vorhanden, sondern werden gemacht: „Die Mathematik gibt uns ein glänzendes Beispiel, wie weit wir es, unabhängig von unserer Erfahrung, in der Erkenntnis a priori bringen können. Nun beschäftigt sie sich zwar mit Gegenständen und Erkenntnissen bloß so weit, als sich solche in der Anschauung darstellen lassen. Aber dieser Umstand wird leicht übersehen, weil gedachte Anschauung selbst a priori gegeben werden kann, mithin von einem bloßen reinen Begriff kaum unterschieden wird" (Kant 1990, B8, S.50).

Der Konstruktivismus nimmt die Existenz geistiger Entitäten an, die intuitiv erkennbar sind (natürliche Zahlen). Die übrigen Gegenstände werden durch Beschreibungen gegeben, die ihre Konstruktion ermöglichen. An die Stelle der Wahrheit tritt die konstruktive Beweisbarkeit, an die Stelle der Wahrheitsbedingungen treten Verifikationsbedingungen. Unter Mathematikern ist der Konstruktivismus nicht sehr beliebt, weil es zum einen einen großen technischen Aufwand erfordert, vertraute mathematische Sätze konstruktivistisch zu beweisen und weil zum anderen ein Teil der Mathematik des Unendlichen nicht zu halten ist. Andererseits meint z. B. Putnam, dass die intuitionistische Logik mit der klassischen vereinbar sei (durch Neuinterpretation der klassischen Junktoren), so dass auch die konstruktivistische mit der klassischen Mathematik nicht so unvereinbar sei, wie manche „Dogmatiker" meinen.

Auf den Konstruktivismus wird im Folgenden nicht mehr eingegangen werden, da sich ihm das Benacerrafsche Dilemma in der Form gar nicht erst stellt. Michael Dummett steht dem Konstruktivismus nahe und hat in seinem Band „Wahrheit" das Wahrheitsproblem aus dieser Sicht diskutiert.

Zusammenfassend kann gesagt werden, dass das Benacerrafsche Dilemma dadurch zustande kommt, dass Benacerraf einerseits von den intuitiven Konzepten von Wahrheit und Wissen ausgeht, die am empirischen Vorbild orientiert sind, und andererseits, was die mathematische Ontologie angeht, einen platonistischen Standpunkt einnimmt, d.h. mathematische Objekte als nichtempirische, ideale Wesen ansieht. Man muss allerdings noch dazu sagen, dass Benacerrafs Vorstellung von Empirismus noch z. T. an den problematischen Illusionen festhält, wir könnten mit der außersprachlichen Wirklichkeit unmittelbar in Kontakt treten.

Für ihn ist das Dilemma von Wahrheit und Wissen keine Antinomie, sondern eine Radikalisierung, um die Richttung anzugeben, in der weiter geforscht werden soll. An eine Lösung des Problems stellt er folgende Anforderungen:

Es soll eine Gesamttheorie entwickelt werden, die sich an den intuitiven Vorstellungen von Wahrheit und Wissen orientiert, diese Begriffe einheitlich für Alltagswissen, Mathematik und die anderen Wissenschaften erklärt, eine akzeptable Semantik soll mit einer akzeptablen Epistemologie verbunden werden. Damit meint er:

a)   *Akzeptable Semantik*

Benacerraf geht von der Fiktion aus, dass es eine Semantik der „üblichen Sprachen" gibt und fordert, dass eine einheitliche Semantik und *ein* Wahrheitsbegriff für die natürlichen und die formalisierten Sprachen entwickelt werden soll. Als Beispiel eines geeigneten Ansatzes, auf den er sich aber nicht absolut festlegt, nennt er die Tarskische Semantik (s. Kap. 3.2.3, S.). Offensichtlich denkt er an einen korrespondenztheoretischen Ansatz (Wahrheit einer Aussage als ihre Übereinstimmung mit der Wirklichkeit), ohne die Probleme der Referenz bei Tarski bedenken.

b)   *Akzeptable Epistemologie*

Benacerraf geht von dem intuitiven Verständnis aus, dass man nur dann von Wissen sprechen kann (an Stelle von Glauben), wenn zwischen dem Glauben und dem Geglaubten irgendeine Beziehung („some connection") besteht. Als Beispiel für eine solche Erklärung des Wissens, auch hier legt er sich nicht endgültig fest, nennt er die kausale Theorie des Wissens (Goldman), nach der eine kausale Beziehung (Ursache-Wirkung) zwischen dem Glauben an etwas und der außersprachlichen bzw. außermathematischen Realität vorhanden sein muss. Dieser Wissensbegriff ist empirisch orientiert und wurde häufig als wirkungsvolles Kampfmittel gegen den Platonismus eingesetzt, der an der sinnlichen Wahrnehmung nicht zugängliche mathematische Gegenstände glaubte. Es erstaunt, dass Benacerraf, der mathematischen Gegenstände als abstrakte ansieht, diesen Wissensbegriff bevorzugt.

Wie ein empirisches Wissen über abstrakte Gegenstände möglich sein soll, versucht Benacerraf an Gödels Position deutlich zu machen. Gödel ist einerseits Platoniker, andererseits sieht er Parallelen zwischen der Mathematik und der Physik. Nach seiner Meinung sind einige Axiome auf Grund ihrer Anwendbarkeit wie physikalische Hypothesen gerechtfertigt, andere werden legitimiert durch ihre überprüfbaren Konsequenzen (z. B. auf endliche Mengen, auf anschauliche Begriffe wie Stetigkeit). Mathematische Intuition ist für ihn vergleichbar mit der sinnlichen Wahrnehmung. Allerdings folgt er dem traditionellen Platonismus, wenn er die Objekte der Mathematik außerhalb von Raum und Zeit ansiedelt. Er geht davon aus, dass wir rein intuitiv zu einem kleinen Teil der Mathematik Zugang haben und uns den Rest durch Ableitung aus dem anschaulichen Teil oder durch ihre Konsequenzen für den anschaulichen Teil erklären können.

Benacerraf deutet damit die Möglichkeit eines gemäßigten Realismus (im Sinne von Aristoteles) an, findet aber die epistemologischen Aussagen Gödels unbefriedigend. Wissen bleibt Glauben.

3.3.2 Vermeidung des Dualismus bei Davidson

Die „gemäßigte Kohärenztheorie", die Davidson in seinem Aufsatz „Eine Kohärenztheorie der Wahrheit und der Erkenntnis" (1983) (s. Bieri, S.271-288) vertritt, scheint mir ein überzeugender Ausweg aus dem Problem.

Die Grundidee der Davidsonschen Philosophie ist etwa folgendes:

Im Zentrum seiner Philosophie steht die Figur des Interpreten, der aus den Äußerungen seiner Mitmenschen Sinn machen will. Der Interpret wird vom Sprecher mit einer Liste von Sätzen konfrontiert, von deren Wahrheit er ausgeht und denen er eine Bedeutung zusprechen muss. Er hat keine andere Möglichkeit, als folgendermaßen vorzugehen:
a) Kohärenzprüfung: Sind die Sätze korrekt gebildet? Stehen sie nicht im Widerspruch zu anderen Sätzen des Sprechers?
b) Korrespondenzprüfung: Machen die Sätze einen Sinn, wenn der Interpret sie auf seine Welt bezieht, d.h. wenn er davon ausgeht, dass der Sprecher über die Welt des Interpreten spricht. „3 ist eine Primzahl" oder „Dieses Haus ist grün" werden so interpretiert, dass der Interpret die Wörter auf die Gegenstände seiner Welt bezieht und die Aussagen dort überprüft. Dabei besteht kein wesentlicher Unterschied zwischen abstrakten und konkreten, nicht-empirischen und empirischen Gegenständen. Verständigung ist nur möglich, wenn man davon ausgeht, dass die Welten aller Menschen in wesentlichen Teilen übereinstimmen, so dass man doch wieder von einer Welt sprechen kann.

In etwas allgemeinerer Form heißt das:
- Da es nach Davidsons Meinung nach nicht *die* Kohärenztheorie gibt, erklärt er sein Verständnis einer Kohärenztheorie: Als Grund für Meinungen kommen nur Meinungen in Frage, da es keine Rechtfertigung außerhalb des Meinungssystems gibt. Deshalb ist die Suche nach einer Basis für Wissen außerhalb der Meinungen zum Scheitern verurteilt. Beobachtungssätze können von den übrigen Sätzen nicht prinzipiell unterschieden werden. Wollte man Meinungen auf das Zeugnis der Sinne (Empfindungen, Wahrnehmungen usw.) zurückführen, müssten Zwischenglieder zwischen der äußeren und der inneren Welt eingeführt werden, was nicht verständlich ist. Außerdem würden oft Empfindungen, die Ursachen von Meinungen sein können (Kausalität), mit Gründen oder Rechtfertigungen von Meinungen verwechselt.
- Wahrheit ist für Davidson nicht mehr - wie traditionell und bei Tarski - ein abgeleiteter Begriff, sondern ein Basisbegriff. Davidson knüpft an die semantische Wahrheitstheorie von Tarski an, kehrt aber die Betrachtungsweise der rekursiven Wahrheitsdefinition um. Tarski führte den Begriff der Wahrheit zurück auf den der Erfüllung (oder Interpretation). Davidson führt den Begriff der Interpretation auf den Begriff der Wahrheit zurück, da seiner Meinung nach ein hoffnungsloses Unterfangen ist, Erfüllung/Interpretation in der Alltagssprache über Listen festzulegen. Bezogen auf das Schaubild von S.32 heißt das, dass Tarski zunächst den Zeichen eine Interpretation zuordnet und dann die Wahrheit/Unwahrheit feststellt (also von den Zeichen über die Interpretation zur Wahrheit schließt), während bei Davidson zunächst die Wahrheitswerte festgestellt werden und dann nach einer Interpretation gesucht wird, die die Wahrheitswerte erfüllt (also von den Zeichen über die Wahrheitswerte auf eine mögliche Interpretation geschlossen wird).

Meinungen haben nach Davidsons Auffassung ihrer Natur nach die Tendenz, wahr zu sein:
a) Nicht jede konsistente Menge interpretierter Sätze enthält ausschließlich wahre Sätze. Wir haben aber nach Davidsons Meinung guten Grund zu glauben, dass die meisten Meinungen wahr sind, die in einem kohärenten System von Meinungen enthalten sind. Jede einzelne Meinung kann falsch sein, aber es können nicht alle Meinungen zugleich falsch sein.
b) Es gibt gute Gründe zu der Annahme, dass die Meinungen anderer im wesentlichen wahr sind (principle of charity). „Wenn meine Theorie darüber, wie Meinung und Bedeutung zusammenhängen und wie sie vom Interpreten verstanden werden, richtig ist, dann sind die meisten Sätze, die ein Sprecher für wahr hält - insbesondere diejenigen, an denen er besonders hartnäckig festhält, die für sein Meinungssystem zentral sind

-, *tatsächlich* wahr, zumindest in den Augen des Interpreten." Der Interpret „orientiert sich bei der Interpretation der für wahr gehaltenen Sätze (ein Vorgang, der sich von der Zuschreibung von Meinungen nicht trennen lässt) an den Ereignissen und Gegenständen in der Außenwelt, die bewirken, dass der Satz für wahr gehalten wird." Der Gehalt von Äußerungen und Meinungen kann nicht ohne Kenntnis der Ursachen identifiziert werden. „Herauszubekommen, dass er [der Sprecher] recht hat, heißt in grober Annäherung, dass die Ursachen seiner Meinungen mit den Gegenständen, auf die sie sich beziehen, identifiziert werden, wobei auf die elementarsten Fälle besonderer Wert gelegt und Irrtum nur dort geduldet wird, wo er am besten erklärt werden kann.

Man kann den Standpunkt von Davidson kurzgefasst folgendermaßen charakterisieren: Er ist Kohärenztheoretiker bei der Beurteilung eigener Meinungen (da wir nicht aus unserer Haut treten können) und Korrespondenztheoretiker bei der Beurteilung fremder Meinungen insofern, als er die Ursachen für Meinungen als für die Identifikation von Meinungen wesentlich ansieht.

4 DIE POST-BENACERRAFSCHE DISKUSSION

Eine Konsequenz der Ausführungen des letzten Kapitels ist, dass das Benacerrafsche Dilemma auf der Grundlage seiner Prämissen nicht lösbar ist. Semantischer Wahrheitsbegriff (im Sinne von Tarski), kausale Theorie des Wissens und der platonistische Standpunkt, dass die Objekte der Mathematik abstrakt und ideal sind, lassen sich nicht in einer übergeordneten Theorie zusammenbringen. Es ist mir auch kein Autor bekannt, der das Dilemma in dieser Form bestritten hätte. Kritisiert wurden nur Argumentationsschwächen oder Inkonsequenzen in der Begrifflichkeit (z. B. von Tymoczko). Die Probleme sind auch nicht durch geringfügige Korrekturen am Wahrheits- oder Wissensbegriff zu lösen.

Sieht man sich die Prämissen des Dilemmas an, so ergeben sich folgende Problembereiche:
- Ist der korrespondenztheoretische Wahrheitsbegriff unverzichtbar?
Wie wir bei Davidson gesehen haben, gibt es überzeugendere Alternativen zum Wahrheitsproblem.

- Gibt es Alternativen zur platonistischen Ontologie? Müssen die Gegenstände der Mathematik als abstrakte oder ideale Entitäten angesehen werden? Ist die Zweiweltentheorie des Platonismus vermeidbar?
- Wie kann mathematisches Wissen erklärt werden? Sind Beweise die Garanten der Sicherheit? Ist mathematisches Wissen nur inferentielles (geschlussfolgertes) Wissen, oder gibt es auch die Möglichkeit einer empirischen (kausalen) Rechtfertigung?

Trotz der immer wieder festgestellten unbefriedigten Situation, dass es keine zuverlässige Beweistheorie gibt und nach Gödels Unvollständigkeitssatz nicht alle sinnvollen Sätze beweisbar oder widerlegbar sind, wird die besondere Rolle des Beweises, des geschlussfolgerten Wissens in der Mathematik von fast keinem Autor bestritten. Im Zentrum der Diskussion steht die Ontologie, die Rechtfertigung der Axiome. Ist es möglich, die mathematischen Objekte in die Welt zurückzuholen?

4.1 Überblick über die Diskussion

Die post-Benacerrafsche Diskussion (z. B. in Irvine 1990) konzentriert sich auf folgende Fragen:
a) Was sind die Gegenstände der Mathematik (Ontologische Diskussion)? Gibt es Annäherungen zwischen den reinen Platonikern und Nominalisten?
b) Wie kann Wahrheit verstanden werden (Semantische Diskussion)? Kann die Tarskische Forderung an Wahrheitsdefinitionen erfüllt werden?
c) Wie kann man mathematisches Wissen haben (Epistemologische Diskussion)? Kann die kausale Theorie des Wissens (z. B. durch Einbeziehung des inferentiellen Wissens) modifiziert werden, so dass sie auch für mathematisches Wissen geeignet ist, oder gibt es andere Erklärungen für das Wissen?

Seit der Veröffentlichung des Artikels „Mathematische Wahrheit" von Paul Benacerraf im Jahre 1973 gab es eine Fülle von Veröffentlichungen, die sich mit Wahrheit und Wissen in der Mathematik beschäftigten und direkt oder indirekt auf das Benacerrafsche Dilemma Bezug nahmen. A.D.Irvine stellt z. B. in der Einleitung zu seinem Buch „Physicalism in Mathematics" heraus, welche Bedeutung das Benacerrafsche Dilemma für die Philosophie der Folgezeit hatte und deutet Entwicklungen an, die sich in der Folge ergaben (Der Gerechtigkeit halber muss gesagt werden, dass auch Mark Steiner im gleichen Jahr wie Paul Benacerraf das Dilemma formulierte: „Entweder sind Axiome rein syntaktisch formuliert, dann haben sie keine Bedeutung, also auch keine Wahrheit, oder sie referieren auf ideale Objekte, genügen also den Ansprüchen, die man an den Begriff Wahrheit stellt, dann gibt es keine kausale Beziehung, wir können also nicht angeben, wie wir sie wissen können").

Ziel ist - nach Irvine - , eine vernünftige Epistemologie der Mathematik zu entwickeln, die auch einen - den Naturwissenschaften vergleichbaren - Begriff von Wahrheit erlaubt, ohne die Nachteile der platonistischen Sicht mit sich zu bringen. Der Physikalismus, den auch Irvine vertritt, versucht, die mathematischen Objekte aus dem platonischen Ideenhimmel herauszulösen und stärker an physikalische Empirie zu binden. Die folgende Diskussion verfolgte einen stärker empirischen Ansatz der Mathematik. Andererseits gibt es aber auch Richtungen, die das als eine Neuauflage der Metaphysik sehen (wie sie von Russell und Moore begonnen wurde) und andere Lösungswege versuchen.

Ich stelle im Folgenden einige Positionen dar, die ich für charakteristisch für die Diskussion der letzten 20 Jahre halte.

Dieses Vorhaben ist aus verschiedenen Gründen problematisch:
- Alle mir bekannten Positionen sind in englischsprachigen Zeitschriften erschienen, selbst deutschsprachige Autoren veröffentlichen ihre Beiträge heute auf Englisch. Der z. T. essayistische und metaphorische Stil und die Verwendung der Fachtermini, für die sich noch keine deutschen Wörter eingebürgert haben (z. B. reference, belief, epistemology) und in bestimmten Traditionen stehen (z. B. von Quine) erschweren eine Überprüfung und Beurteilung der Positionen.
- Alle Artikel sind Diskussionsbeiträge und verfolgen in Abgrenzung zu anderen Positionen Argumentationsstränge, die nur dann einsichtig sind, wenn man den Zusammenhang kennt.
- Bei einer Diskussion innerhalb der Philosophie der Mathematik spielen immer auch technische Details und technische Durchführbarkeit eine Rolle. Denn jede Änderung im Verständnis der Mathematik hat Auswirkungen auf den Kalkül, die Symbolsprache und die logischen Gesetze. Den technischen Aspekt lasse ich aber beiseite, da er auch für Mathematiker schwer nachzuvollziehen ist.

Ich konzentriere mich auf folgende Ansätze zur mathematischen Wahrheit (in chronologischer Reihenfolge):
- 1975 Hilary Putnam : What is Mathematical Truth?
- 1982 Hartry Field: Realism and Anti-realism about Mathematics
- 1982 Michael Resnik: Mathematics as A Science of Patterns
- 1991 W.D.Hart: Benacerraf's Dilemma
- 1991 Keith Hossack: Access to Mathematical Objekts
- 1991 Thomas Tymoczko: Mathematics, science and ontology
- 1991 Penelope Maddy: Philosophy of Mathematics: Prospects for the 1990s

1992 Gian-Carlo Rota: The Concept of Mathematical Truth

Grob vereinfacht lassen sich diese Ansätze in folgende Gruppen einteilen:
- Das Dilemma als Scheinproblem (z. B. Rota)
- Das Dilemma als Antinomie (Hart)
- Mathematik ohne Gegenstände (Putnam, Field)
- Modifizierungen des Platonismus (z. B. Maddy, Resnik)
- Holistischer Ansatz (Tymozko)

4.2 Das Dilemma als Scheinproblem (z. B. Rota)

In diesem Abschnitt stelle ich zunächst zwei „klassische", wenn auch Außenseiter-Positionen dar, die in der Philosophie der Mathematik umstritten sind und z. T. im Hintergrund der Argumentation stehen: Wittgenstein und Lakatos. Beide nehmen gegenüber den dogmatischen Positionen, wie sie auch bei Benacerraf erkennbar sind, eine skeptische Haltung ein und vertreten einen eigenwilligen und z. T. anregenden Ansatz.

4.2.1 Mathematik als „Spiel" (Wittgenstein)

Von Ludwig Wittgenstein (1889-1951) gibt es einen nach seinem Tode veröffentlichten Band, „Bemerkungen über die Grundlagen der Mathematik" (1956), mit fragmentarischen Gedanken, aus dem bereits auf S. ein Satz zitiert wurde, in dem die Diskussion um die Grundlegung der Mathematik als Scheinproblem bezeichnet wurde. Wittgenstein war sowohl von dem Formalismus Hilberts als auch von dem Konstruktivismus Brouwers beeinflusst, seine Position wird auch als vierte Position des Grundlagenstreites bezeichnet. Er ist nicht an der Mathematik als selbständiger Wissenschaft interessiert, sondern sieht sie als Teil der Lebenstätigkeit der Menschen. Unverkennbar spiegelt sich in seinen Ausführungen auch seine Erfahrung als Lehrer wieder:

„Denn, was wir 'zählen' nennen, ist ja ein wichtiger Teil der Tätigkeiten unseres Lebens. Das Zählen, und Rechnen, ist doch - z. B. - nicht einfach ein Zeitvertreib. Zählen (und das heißt: *so* zählen) ist eine Technik, die täglich in den mannigfachsten Verrichtungen unseres Lebens verwendet wird. Und darum lernen wir zählen, wie wir es lernen: mit endlosem Üben, mit erbarmungsloser Genauigkeit; darum wird unerbittlich darauf gedrungen, dass wir Alle auf 'eins' 'zwei', auf 'zwei' 'drei' sagen, usf. - 'Aber ist dieses Zählen also nur ein *Gebrauch*; entspricht dieser Folge nicht auch eine Wahrheit?' Die *Wahrheit* ist, dass das Zählen sich bewährt hat. - 'Willst du also sagen, dass >wahr-sein< heißt: brauchbar (oder nützlich) sein?' - Nein; sondern, dass man von der natürlichen Zahlenreihe - ebenso wie von unserer Sprache - nicht sagen kann, sie sei wahr, sondern: sie ist brauchbar und, vor allem, *sie werde verwendet*" (Wittgenstein, S.37 f.).

Aus diesem Zitat wird deutlich: Mathematik ist für Wittgenstein ein Teil der Sprache. In der Sprache - also auch in der Mathematik - gibt es für ihn keine Wahrheit (im korrespondenztheoretischen Sinn), keine Bedeutung außerhalb ihres Gebrauchs, ihrer Anwendung: „Es ist der Gebrauch außerhalb der Mathematik, also die *Bedeutung* der Zeichen, was das Zeichenspiel der Mathematik ausmacht" (S.257). Sprache ist für Wittgenstein ein Gemisch von Regeln („Spiel") für Syntax und Semantik. In einem mühsamen Sozialisationsprozess lernen wir den Gebrauch der Regeln, wie wir bestimmte Wörter syntaktisch und semantisch gebrauchen, nicht die Regeln selbst. Die Anwendung der Regeln wird an endlich vielen Fällen gelernt, obwohl die Regeln für unendlich viele Fälle gelten sollen. Deshalb müssen wir uns in jedem Einzelfall wieder vergewissern, dass wir nach der gleichen Regel verfahren. „Die Mathematik - will ich sagen - lehrt dich nicht einfach die Antwort auf eine Frage; sondern ein ganzes Sprachspiel, mit Fragen und Antworten" (S.381). Diesen Skeptizismus gegenüber der Bedeutung von Sprache macht Wittgenstein in den „Philosophischen Untersuchungen" am Beispiel der Farbwörter und der Addition deutlich. „Diese Menschen sind so abgerichtet, dass sie alle auf den Befehl >+3< auf der gleichen Stufe den gleichen Übergang machen" (S.35). Ob jemand die Addition verstanden hat, können wir nur anhand von Beispielrechnungen verstehen. Wir können nicht in seinen Kopf hineinsehen, um festzustellen, ob er wirklich die gleiche Regel meint wie wir. „Es ist natürlich klar, dass der Mathematiker, insofern er wirklich >ein Spiel spielt<, *keine Schlüsse zieht*. Denn >Spielen< muss hier heißen: in Übereinstimmung mit gewissen Regeln handeln" (S.257). Mathematik hat also für Wittgenstein keine Gegenstände, keine Bedeutung und damit auch keine Wahrheit; Mathematik wird benützt. „Der Mathematiker ist kein Entdecker, sondern ein Erfinder" (S.111). Auch MathematikerInnen und MathematiklehrerInnen haben die Regeln im Wittgensteinschen Sinne nicht verstanden, sondern haben aufgrund ihrer größeren Übung eine größere Sicherheit. „Nun, ich bin immer wieder den Weg gegangen und war immer wieder überrascht; und auf den Gedanken, dass man hier etwas *verstehen* kann, bin ich nicht gekommen" (S.113).

Der Skeptizismus Wittgensteins bezieht sich nicht nur auf die Sprache, sondern auch auf den Beweis: „Der Beweis - könnte ich sagen - ist eine Figur, an deren einem Ende gewisse Sätze stehen und an derem andern Ende ein Satz steht (den wir den >bewiesenen< nennen)" (S.48). „Aber kann ich den Satz der Geometrie nicht auch ohne Beweis glauben, z. B. auf die Versicherung eines Andern hin? - Und was verliert der Satz, wenn er seinen Beweis verliert?" (S.76). „Alles, was ich sage, kommt eigentlich darauf hinaus, dass man einen Beweis genau kennen und ihm Schritt für Schritt folgen kann, und dabei doch, was bewiesen wurde, nicht versteht" (S.282). Gerade seine Einstellung zu Beweisen hat ihn in Konflikt mit Mathematikern gebracht.

Obwohl Wittgensteins Gedanken und Fragen originell und anregend sind, haben sie die Diskussion über Wahrheit und Wissen nur wenig - vielleicht auch auf Grund ihres fragmentarischen Charakters - beeinflusst. Ihn reizt die Mathematik vor allem deshalb, weil sie ein besonders markantes Beispiel für ein Sprachspiel ist und vor skeptischen Angriffen besonders sicher scheint. Dass Farbwörter eine unterschiedliche Bedeutung haben, ist leichter einzusehen, als dass wir noch nicht einmal sicher sein können, unter Addition das gleiche zu verstehen. Außerdem haben sich andere Philosophen weniger an Wittgensteins Auffassung gehalten: „Der Philosoph muss sich so drehen und wenden, dass er an den mathematischen Problemen vorbeikommt, nicht gegen eines rennt, - das gelöst werden müsste, ehe er weiter gehen kann" (S.301).

4.2.2 Mathematik als fehlbare Wissenschaft (Lakatos)

Wie Wittgenstein wendet sich auch Imre Lakatos (1922-1974) gegen den Dogmatismus in der Philosophie der Mathematik. Auch er geht von der Praxis aus, aber nicht von der Lebenspraxis, sondern von der Praxis der mathematischen Forschung. Sein spannendes und viel diskutiertes (leider vergriffenes) Buch „Beweise und Widerlegungen" (1963) ist in Dialogform geschrieben. In einer Klasse mit mathematisch interessierten Schülern wird der Polyeder-Satz von Euler behandelt (Zwischen der Zahl der Ecken E, der Zahl der Kanten K und der Zahl der Flächen F der Polyeder besteht die Beziehung: $E - K + F = 2$). In der Diskussion zwischen Schülern und Lehrer werden alle historischen Formulierungen des Satzes und seiner Beweise vorgetragen und diskutiert, so dass das Buch auch eine Erzählung der Geschichte des Satzes ist. Die Positionen und Argumente von Schülern und Lehrer werden in den Fußnoten auf die entsprechenden historischen Positionen und Argumente bezogen.

In der Einleitung wendet Lakatos sich polemisch gegen jede dogmatische philosophische Position, insbesondere gegen den Formalismus und seinen „deduktionistischen Stil" und stellt dagegen sein Konzept der „inhaltlichen Mathematik":

„Der Formalismus trennt die Geschichte der Mathematik von der Philosophie der Mathematik, denn nach der formalistischen Vorstellung von der Mathematik hat die Mathematik keine eigene Geschichte" (Lakatos, S.VIII).
Und:
„Doch die formalistische Philosophie der Mathematik ist tief verwurzelt. Sie ist das letzte Glied in der langen Kette der *dogmatischen* Philosophien der Mathematik. Seit mehr als zweitausend Jahren gibt es einen Streit zwischen *Dogmatikern* und *Skeptikern*. Die Dogmatiker behaupten, dass wir - durch die Fähigkeit unseres menschlichen Geistes und/oder unserer Sinne - zur Wahrheit gelangen können und wissen können, dass wir sie erreicht haben. Die Skeptiker auf der anderen Seite behaupten entweder, dass wir niemals zur Wahrheit gelangen können (es sei denn mit Hilfe mystischer Erfahrung), oder dass wir nicht wissen können, ob wir sie erreichen können oder dass wir sie erreicht haben. In diesem großen Streit, in dem die Beweisführungen immer wieder modernisiert wurden, war die Mathematik die stolze Festung des Dogmatismus. Wann immer der mathematische Dogmatismus des Tages in eine 'Krise' geriet, jedesmal sorgte eine Neufassung für echte Strenge und letzte Begründung und erneuerte dadurch die Vorstellung von der gebieterischen, unfehlbaren, unwiderlegbaren Mathematik, 'die einzige Wissenschaft, von der es Gott bisher gefiel, sie der Menschheit zu schenken' (Hobbes). Die meisten Skeptiker resignierten vor der Unüberwindlichkeit dieser Festung der dogmatischen Erkenntnistheorie" (S.XI f.).

„Es ist bis jetzt noch nicht ausreichend erkannt worden, dass die gegenwärtige mathematische und naturwissenschaftliche Ausbildung eine Brutstätte des Autoritätsdenkens und der ärgste Feind des unabhängigen und kritischen Denkens ist" (S.135).

Über diese engagierte Polemik hinaus hat Lakatos den wissenschaftstheoretischen Ansatz von Popper weiterentwickelt und auf die Philosophie der Mathematik angewandt. Seine Grundthese lautet etwa folgendermaßen:

Die Sätze der Mathematik sind keine ewigen Wahrheiten, sondern Vermutungen oder Hypothesen, die im Laufe der Zeit durch Einschränkung der Prämissen und Präzisierung der Konklusion modifiziert werden. Dieser Prozess wird nie an ein Ende kommen. Diese Auffassung orientiert sich am Vorbild der Naturwissenschaften und wird von Lakatos als „Quasiempirismus" bezeichnet. Bei der Modifizierung der Sätze haben die Beweise, die er als „Gedankenexperimente" versteht, eine wichtige Funktion, denn erst bei den Beweisen zeigt sich genau, welche Prämissen für den Beweis notwendig sind. Der Fortschritt in der Wissenschaft ist keine kontinuierliche Annäherung an die Wahrheit, sondern besteht in einer Reihe von Problemverschiebungen, die uns auf eine ständig höhere Stufe bringen.

Das Grundproblem des Benacerrafschen Dilemmas ist bereits bei Lakatos zu finden: „Wer eine bedeutungsvolle Mathematik wünscht, muss der Gewissheit entraten. Wer Gewissheit wünscht, muss die Bedeutung beiseiteschieben. Man kann nicht beides zugleich haben" (S.95). Wie Lakatos sich entscheidet, ist klar: Er verzichtet auf Gewissheit und sieht Mathematik als bedeutungsvolle Wissenschaft. Aber er verzichtet auch auf den Begriff der Wahrheit. Mathematik ist eine hypothetische Wissenschaft.

Der „quasiempirische" Ansatz hat einen großen Einfluss gehabt (z. B. auf Putnam und Tymoczko). Lakatos ist aber nicht mehr dazu gekommen, sein immer wieder angekündigtes Werk zur Philosophie der Mathematik zu schreiben, so dass die Überprüfung noch aussteht, ob sein Ansatz die philosophischen Grundprobleme der Mathematik löst.

4.2.3 Mathematik als Tautologie (Rota)

Gian-Carlo Rota (Massachusetts Institute of Technology) ist dadurch bekannt geworden, dass er als „praktizierender Mathematiker" eine Außenseiterposition in der philosophischen Diskussion einnimmt. Er sieht in seinem Artikel „The Concept of Mathematical Truth" (1992) einen Gegensatz zwischen der „ehrlichen Praxis" und der „zusammengeschwindelten Theorie" nicht nur im Hinblick auf die Mathematik, sondern als „universelles Phänomen". Er wehrt sich vehement dagegen, dass Philosophen Mathematikern vorschreiben, wie sie Wahrheit zu verstehen haben. Er nimmt sich dagegen vor, die Praxis des Mathematikers im Gegensatz zu „den normativen Behauptungen einiger neuerer Philosophien der Mathematik" leidenschaftslos zu untersuchen.

Am Beispiel des Primzahlsatzes (Aussage über die Häufigkeit, mit der Primzahlen in der Reihe der natürlichen Zahlen auftreten: je größer n, desto genauer ist die Anzahl der Primzahlen, die kleiner als n sind, n/log n), der schon zu Beginn des 19. Jahrhunderts von Gauss vermutet, aber erst um 1890 bewiesen wurde, erzählt er - ähnlich wie Lakatos - eine Geschichte, wie Mathematiker von intuitiv eingesehenen Sätzen ausgingen und schließlich über verschiedene Beweise, die für die Mathematik sehr fruchtbar waren, zu einem elementaren und befriedigenden Beweis kamen, der in einem College-Buch veröffentlicht werden konnte. Ziel der Mathematik sei der korrekte Beweis intuitiv als richtig angesehener

Sätze. Inhaltliche Sätze werden durch den Beweis und die axiomatische Theorie zu formalen Sätzen, Aussagen über die Welt werden zu Sätzen ohne Information. Jeder mathematische Satz ist „letztlich" tautologisch, da er - früher oder später - als eine notwendige Folge von Axiomen angesehen werden kann. Das Ergebnis der mathematischen Forschung ist zwar ein formales System, in dem Sätze formal aus Axiomen hergeleitet werden, das charakterisiert aber nicht das Wesen der Mathematik. Der Forschungsmethode der Mathematiker ist nach Rotas Auffassung vergleichbar der hermeneutischen Methode in den Geisteswissenschaften.

Rota fasst seine Ausführungen in zwei scheinbar widersprüchlichen Aussagen zusammen:
- Mathematische Sätze unterscheiden sich nicht von naturwissenschaftlichen Sätzen: Auch sie sind Feststellungen von Tatsachen a posteriori, d.h. sie werden durch Beobachtung und Experiment gefunden. Sie sind keine Erfindungen, sondern die Entdeckung von Gesetzmäßigkeiten einer externen Welt. Die Wahrheit dieser Sätze besteht in der Übereinstimmung mit den Tatsachen der Welt, die nicht vorhersagbar und unabhängig von unseren Launen sind. Mathematik unterscheidet sich von den Naturwissenschaften nur durch größere Genauigkeit. Es müsse mit zwei Mythen des Viktorianischen Erbes Schluss gemacht werden: der Idee des linearen Fortschritts und dem Mythos der Endgültigkeit.

Dagegen sind alle formalistischen Theorien reduktionistisch, sie identifizieren Mathematik mit der axiomatischen Methode, in der Mathematik präsentiert wird.
- Andererseits sind die Beweise mathematischer Theoreme das Ergebnis großer intellektueller Anstrengung. Ein großer Teil der Tätigkeit des Mathematikers richtet sich darauf, diese Beweise immer kürzer und elementarer zu machen, die Aussagen zu trivialisieren. Das Ideal des Mathematikers für Wahrheit ist die Trivialität.

Rota vereint zum Schluss beide Ansätze in einer Definition von Wissenschaft: Mathematik und Wissenschaft überhaupt könnten definiert werden als die Transformation synthetischer Tatsachen der Welt a posteriori in analytische, triviale Verstandessätze a priori.

Obwohl sich die drei dargestellten Ansätze in vielen Punkten unterscheiden, haben sie doch eines gemeinsam: Sie orientieren sich an Lebenspraxis oder mathematischer Praxis, nehmen gegenüber der Philosophie eine skeptische Position ein und kritisieren den Mythos der Endgültigkeit mathematischer Sätze. Lakatos und und Rota erzählen die Geschichte eines mathematischen Problems, wobei sie sich dadurch unterscheiden, dass die Geschichte von Lakatos unendlich, die von Rota aber endlich ist. So interessant die drei Ansätze sind, da sie zu wichtigen Korrekturen am Bild der Mathematik führen können, so unbefriedigend sind sie doch, was das philosophische Problem von Wahrheit und Wissen in der Mathematik angeht. Wittgenstein und Lakatos entwickeln Ideen zur Einbettung der Mathematik in eine übergeordnete Theorie (Theorie der Sprachspiele/Kritischer Rationalismus), während Rota das philosophische Problem gar nicht versteht: Das Nachdenken des Schusters über seine Arbeit ersetzt nicht die philosophische Reflexion. Die Abschaffung der Philosophie ist keine Lösung des philosophischen Problems.

4.3 Das Dilemma als Antinomie (Hart)

W.D.Hart (University College, London University) geht in seinem Artikel „Benacerraf's Dilemma" (1991) den entgegengesetzten Weg zu den bisher besprochenen Autoren. Er nimmt die Bedingungen von Benacerraf wörtlich, stellt sie noch einmal systematisch zusammen und zeigt auf, dass es keine Alternative zu der Sichtweise von Benacerraf gibt. Hart sieht das Benacerrafsche Dilemma nicht als Provokation, als zusammenfassenden Bericht über den Stand der philosophischen Forschung, sondern als Abschlussbericht. Es handelt sich seiner Meinung nach hier nicht um ein Dilemma, eine „Zwangslage", sondern um einen unlösbaren Widerspruch, eine Antinomie, die in einer Reihe zu sehen ist mit den großen klassischen Antinomien, wie z. B. dem Leib-Seele-Dualismus von Descartes: Bei Leib und Seele handelt es sich - für Descartes -einerseits um zwei völlig verschiedene Substanzen, zwischen denen Wechselwirkungen bestehen. Andererseits können wir über die vom Körper unabhängige Seele nichts wissen, da wir nur Zugang zu einem Selbstbewusstsein haben, das an einen Körper gebunden ist.

Allen Dualismen ist gemeinsam, dass sie versuchen, zwei verschiedene Bereiche zuzusammenzubringen: Metaphysik und Empirie. Wahrheit ist ein Begriff der Metaphysik, Wissen ein Begriff der empirisch orientierten Erkenntnistheorie.

Während die in 4.2 dargestellten Autoren mit der Philosophie insgesamt abrechneten, zieht Hart auf andere Weise einen Schlussstrich: Das Benacerrafsche Dilemma ist eine Sackgasse, aus der es keinen Ausweg gibt, jedes Weiterdenken an dieser Stelle ist sinnlos.

Trotz dieser scheinbaren Auswegslosigkeit hat es aber einige Versuche gegeben, doch noch eine Lösung zu finden.

4.4 Mathematik ohne Gegenstände

4.4.1 Mathematik als Untersuchung möglicher Strukturen (Putnam)

Hilary Putnam (Harvard University, USA) hat mit Paul Benacerraf zusammen den Band „Philosophy of Mathematics" herausgegeben, der 1964 zum ersten Mal erschien, 1983 erweitert und seitdem wiederholt aufgelegt wurde. In ihm sind sehr unterschiedliche und auch klassische Positionen zu den Problemen der Grundlegung, der Existenz mathematischer Gegenstände und der Wahrheit zusammengetragen, u.a. auch der Aufsatz „Mathematical Truth" von Paul Benacerraf.

In seinem Artikel „What is Mathematical Truth" (1975) sieht Putnam einen Ausweg aus dem Dualismus von Platonismus und Formalismus durch folgende Ansätze:

a) QUASIEMPIRISMUS: In der Tradition von Lakatos sieht Putnam die Mathematik als quasi-empirische Wissenschaft, womit gemeint ist, dass mathematische und naturwissenschaftliche Methoden sich entsprechen. Beide gehen von Hypothesen aus, die dann überprüft werden. Mathematik unterscheidet sich von den Naturwissenschaften dadurch, dass ihre Sätze intuitiv gefunden und zunächst nicht durch Beobachtung, sondern auf Grund ihrer Evidenz für richtig gehalten und dann durch Beweise bestätigt werden, da die Beweise das Risiko der Widersprüchlichkeit einer Theorie verringern. Allerdings sei die Beweistheorie noch nicht genügend entwickelt, so dass wir noch zu wenig über Beweise wissen. Den Quasiempirismus der Mathematik verdeutlicht er - wie Lakatos und Rota - an verschiedenen Beispielen aus der Geschichte der Mathematik.

b) REALISMUS: Putnam bezeichnet sich zwar als Realisten, bestreitet aber die Existenz mathematischer Objekte. In Anlehnung an Michael Dummett versteht er unter Realismus die Auffassung, dass die Sätze einer Theorie objektiv wahr oder falsch sind, also unabhängig vom Menschen, und dass es etwas Äußeres (außerhalb unserer Sinnesdaten, der Struktur unseres Denkens und unserer Sprache) gibt, das die Sätze wahr oder falsch macht. Nach dieser Definition kann man Realist sein, ohne an die Existenz mathematischer Objekte zu glauben. Damit entfällt auch die platonische Zweiweltentheorie, dass es jenseits der Realität der materiellen Dinge eine zweite Realität der 'mathematischen Dinge' gibt und dass das mathematische Wissen apriorisch (d.h. unabhängig von Erfahrung) ist. Putnams Realismus unterscheidet sich dadurch wesentlich von dem Platonismus von Frege, Russell, Bourbaki usw., die die Mathematik als die Wissenschaft ansehen, die die Realität mathematischer

Objekte beschreibt. Mit was beschäftigt sich die Mathematik dann? Nach Putnams Auffassung untersucht sie gewöhnliche, empirische Objekte unter einer besonderen Fragestellung, nämlich der Möglichkeit abstrakter Strukturen. Putnam sieht diesen Ansatz nicht als revolutionär an, sondern als Glied einer Kette, die bis in die Antike zurückreicht, nur dass die Möglichkeit als grundlegende Kategorie immer wieder zurückgedrängt und disqualifiziert wurde (z. B. bei Hume und in den Naturwissenschaften).

Für Wahrheit und Wissen ergibt sich damit:
Dem quasiempirischen Ansatz entsprechend ist ein mathematischer Satz dann wahr, wenn er Erfolg in der Praxis hat. Mathematisches Wissen ist also nicht apriorisch, absolut und sicher, sondern fehlbar, korrigierbar und wahrscheinlich.

Damit wendet sich Putnam gegen die rationalistische und platonistische Auffassung, dass mathematisches Wissen apriorisch ist, also vor aller Erfahrung, und dass die mathematischen Sätze analytisch sind, also rein logische Folgerungen aus Axiomen. Seiner Meinung nach ist es eine Konsequenz von Gödels Unvollständigkeitssatz, dass es auch synthetisches Wissen in der Mathematik gibt.

Mit diesem Ansatz hat Putnam den Anstoß für eine Richtung gegeben, die heute z. B. von Geoffrey Hellman als „Modalmathematik" weiterentwickelt wird. Bezeichnend ist dessen Buchtitel „Mathematics without numbers".

Obwohl Putnams Ansatz einen theoretischen Ausweg aus dem Dualismus bei Benacerraf bietet, bleibt er z. B. aus folgenden Gründen unbefriedigend:
- Der quasiempirische Ansatz wirkt im historischen Kontext überzeugend, Mathematik und Naturwissenschaften haben sich aber weiter von der Empirie entfernt. Der Ansatz von Tymoczko (s.S.), der eher eine Annäherung der Naturwissenschaften an die Mathematik sieht als umgekehrt, wirkt dagegen aktueller.
- Es bleibt zu prüfen, ob der Modalansatz - wie Putnam meint - technisch durchführbar ist.
- Auch wenn das Verständnis von Mathematik - zumindest in ihrem theoretischen Teil - als Wissenschaft möglicher Strukturen plausibel ist, haben sich die möglichen Strukturen immer wieder als reale Strukturen herausgestellt. Ist eine Neuformulierung nicht vermeidbar?

4.4.2 Mathematik ohne Wahrheit (Field)

Hartry Field (University of New York) ist der exponierteste Vertreter des Antirealismus/Nominalismus in der gegenwärtigen Philosophie der Mathematik und gehört zu den am häufigst zitierten Autoren. Dies liegt u.a. daran, dass er sich am deutlichsten gegen den Wahrheitsbegriff ausgesprochen hat und dass für ihn die „Standard-Sicht" bei Benacerraf unakzeptabel ist.

Field definiert in seinem Artikel „Realism and Anti-realism about Mathematics" (1982) Realismus als die Doktrin, die behauptet, dass mathematische Entitäten (Zahlen, Funktionen, Mengen usw.) unabhängig von unserem Wissen und der Sprache real existent sind. Er gibt zu, dass nur der Realismus eine Theorie der Wahrheit hat, die mit dem außermathematischen Gebrauch des Wortes Wahrheit übereinstimmt und nicht zu offensichtlichen Schwierigkeiten führt. Er bezweifelt aber, dass eine mathematische Theorie wahr sein muss, um gut zu sein. Seiner Meinung nach ist eine Theorie gut, wenn sie folgende Kriterien erfüllt:
    a)   Konsistenz (Widerspruchsfreiheit),
    b)   Reichtum der Theorie,
    c)   Nicht-Kreativität (conservativeness).
Die Eigenschaft, nicht-kreativ zu sein, definiert er folgendermaßen:
    C) Eine mathematische Theorie M ist nicht-kreativ genau dann, wenn für jede Aussage A über die physikalische Welt und jede Theorie N, die aus solchen Aussagen über die physikalische Welt besteht (nominalistische Theorie) A nur dann aus M + N folgt, wenn A aus N alleine folgt. Eine nicht-kreative Theorie M macht eine Theorie N also nicht stärker. Mathematik ist nur eine Sprache für Theorien über die Welt und liefert selbst keine neuen Erkenntnisse über die Welt.

Ist nur a) erfüllt, dann kann die mathematische Welt z. B. aus nur zwei Entitäten bestehen, was für eine mathematische Theorie nicht reich genug ist.

Sind a) und b) erfüllt, dann ist immer noch nicht erklärt, wie Mathematik auf die physikalische Welt angewandt werden kann, denn eine konsistente Theorie kann falsche Aussagen über die Welt beinhalten.

Sind a), b) und c) erfüllt, dann kann man seiner Meinung nach auf den Begriff Wahrheit verzichten. Nicht-Kreativität ist keine schwächere Forderung als Wahrheit, sie folgt nicht aus Wahrheit, sondern ist eine ganz andere Bedingung. Nicht-Kreativität und Wahrheit sind unabhängig. Die Bedeutung der Nicht-Kreativität sieht Field dadurch bestätigt, dass auch der Realist sie als Merkmal einer guten mathematischen Theorie ansieht.

Ist c) erfüllt, dann stellt sich die Frage, warum man überhaupt noch Mathematik braucht, wenn die nominalistische Theorie alleine eine Erklärung der physikalischen Theorie liefert.

Nach Field ist die Mathematik nützlich für zwei Aufgaben:

- Es ist leichter zu zeigen, dass ein nominalistischer Satz aus M+N folgt als aus N alleine.
- Mathematik ist wesentlich zur Formulierung einiger wichtiger nichtmathematischer Theorien.

Häufig erfüllt die Mathematik allerdings nur die erste Aufgabe (Beispiel: Elementare Zahlentheorie).

Field legt großen Wert auf die Bezeichnung „Nützlichkeit", da die Mathematik und ihre Gegenstände von Autoren wie Gödel, Quine und Putnam u.v.a. als unentbehrlich angesehen wird, was dann wieder seiner Meinung nach die Wahrheit der Mathematik nahelegt und was Konsequenzen für die Theorien über Wissen, Referenz und Überzeugungen hat. Gödel argumentiert z. B. so, dass er sog. „mathematische Tatsachen" für wahr hält. Den abstrakteren Teilen der Mathematik (z. B. den Axiomen) werden dann Wahrheitswerte zugeschrieben, wenn sie mit den unentbehrlichen Teilen kohärent sind und zu einer vereinfachten und einheitlicheren Schreibweise führen. Field hält dagegen eine nichtmathematische, nominalistische Reformulierung z. B. der Physik für möglich, auch wenn sie technisch aufwendig ist.

Für Field haben mathematische Entitäten keine Existenz. Mathematische Entitäten sind auch für die Naturwissenschaft entbehrlich, sind sie es auch für die Logik?

Mathematische Entitäten kommen in allen semantischen Theorien der Logik vor - als Modelle. Auch in der Logik kann aber auf Wahrheit verzichtet werden, wenn man einen beweistheoretischen Ansatz verfolgt.

Field umgeht das Benacerrafsche Dilemma dadurch, dass er den Begriff der Wahrheit und die mathematischen Entitäten aufgibt. Er erreicht damit, dass ein problematisch gewordener Begriff wegfällt und Mathematik ihre häufig in den anderen Wissenschaften nicht hinterfragte Unentbehrlichkeit verliert. Auf der anderen Seite erhält Mathematik durch das Kriterium der Nicht-Kreativität eine Sonderstellung innerhalb der Wissenschaften, und es stellt sich das Problem einer aufwendigen nominalistischen Reformulierung der wissenschaftlichen Prämissen.

4.4.3 Mathematik als Tätigkeit (Hossack)

Keith Hossack (Birkbeck College, London University) setzt sich in seinem Artikel „Acces to Mathematical Objects" (1991) kritisch mit zwei gängigen Ansichten auseinander:

a) OBJEKTTHEORIE

Mathematische Terme stehen für real existierende Objekte (Objekttheorie). Ein mathematischer Satz ist dann wahr, wenn er Tatsachen über diese Objekte berichtet. Da die mathematischen Objekte weder physikalisch noch rein mental sein können, bleibt also die platonistische Theorie der abstrakten Objekte außerhalb von Zeit, Raum und menschlicher Wahrnehmung. Damit stellt sich das bekannte epistemologische Problem.

b) DEDUKTIONISMUS

Mathematische Beweise sind logische Deduktionen (Deduktionismus). Das Problem der Wahrheit eines Satzes wird auf das Problem der Wahrheit der Axiome zurückgeführt.

Probleme des Deduktionismus sind:
- Nicht jede logische Schlussfolgerung macht aus einem wahren Satz wieder einen wahren Satz (Problem der Wahrheitserhaltung),
- der Gödelsche Unvollständigkeitssatz hat die Grenzen der Formalisierung in der Mathematik aufgezeigt,
- der deduktionistische Wahrheitsbegriff hängt von einer platonistischen Metaphysik (der Axiome) ab,
- Auch Deduktionen sind letztlich mathematische Objekte: Sie werden in Begriffen der logischen Folgerung definiert, die wiederum mit Hilfe von mathematischen Modellen erklärt wird,
- mathematische Beweise bestehen normalerweise aus mehreren Schritten. Es muss dann gefragt werden, wieviele Schritte erlaubt sind. Sonst sind Beweise zugelassen, die mehr Schritte enthalten, als aufgeschrieben werden können. Wenn beliebig viele Schritte möglich sind, dann wird der Beweis selbst zu einem idealen Objekt. Wie Wittgenstein herausgearbeitet hat, ist aber ein langer „Beweis" gar kein Beweis.

In der Kritik dieser Theorien entwickelt er als Alternative eine pragmatische Philosophie der Mathematik, die sich an Wittgensteins „Sprachgebrauchstheorie" orientiert.

Hossack kritisiert Benacerrafs Auffassung, dass sich Objekttheorie/ Platonismus und Formalismus/Deduktionismus widersprechen. Er sieht sie dagegen als Ergänzung, wenn man Mathematik nicht nur als Spiel ohne Inhalt ansieht. Der Deduktionismus führt das Wahrheitsproblem der mathematischen Sätze auf das Wahrheitsproblem der Axiome zurück. Die Objekttheorie versteht die Axiome als objektive Tatsachen mathematischer Objekte.

Sucht man, um das im Benacerrafschen Dilemma beschriebene Problem zu umgehen, nach Alternativen, so treten neue Schwierigkeiten auf:

Alternativen zur Objekttheorie:

- Sagt man, dass die Axiome nach Definition wahr sind, so stellt sich das Problem der Beliebigkeit der Axiome, da man nach Mill definieren kann, was man will. Versteht man Mathematik, wie Ayer das tut, als die Wissenschaft der hypothetischen Wahrheiten, dann genügt alles, was den Axiomen genügt, auch den Theoremen. Damit gibt es keine spezifische mathematische Interpretation der Axiome, und Mathematik kann, wie Quine nachgewiesen hat, nicht von anderen Wissenschaften unterschieden werden.
- Sieht man die mathematischen Objekte als theoretische Konstrukte wie Elektronen an, so hat man das Problem, dass die Elektronen ihre Berechtigung dadurch haben, dass sie sich in der Vorhersage bewähren, d.h., dass sie als Ursachen verschiedener Erscheinungen angesehen werden. Das ist aber nach Hossacks Auffassung (im Gegensatz zu Tymoczko und Quine) mit Zahlen nicht möglich.

Alternativen zum Deduktionismus:
- Versteht man, wie Kant es tut, die Intuition als die Quelle des mathematischen Wissens, so kann das damit begründet werden, dass wir uns zur Verdeutlichung häufig Veranschaulichungen (Diagramme) machen, um über sie zu intuitiven Aussagen über abstrakte Gebilde zu gelangen. Es bleibt dann die Frage, woher wir die Gewissheit haben, dass unsere Intuition korrekt ist und dass eine Generalisierung der intuitiven Erkenntnis möglich ist. Außerdem setzt die Kantsche Intuition wieder voraus, dass es objektive Eigenschaften von Objekten gibt, so dass wir wieder vor dem gleichen Problem stehen wie beim Platonismus.
- Nach Hossacks Meinung bietet nur die Wittgensteinsche Sprachgebrauchstheorie (procedure) eine akzeptable Alternative zum Deduktionismus. Wendet man diese Theorie auf die Mathematik an - wie Wittgenstein es selbst in seinen „Bemerkungen über die Grundlagen der Mathematik" getan hat - so gibt es keine mathematischen Objekte. Was mathematische Entitäten bedeuten, zeigt sich erst in ihrem Gebrauch. Diese Theorie löst nach Hossacks Meinung sowohl das Problem der Gewissheit wie der Generalisierung.

Hossack macht das am Kantschen Beispiel einer Rechnung deutlich: $5 + 7 = 12$. Dieser Satz macht keine Aussage über innere Eigenschaften von Zahlen, sondern ist Ergebnis der üblichen Tätigkeit des Zählens, wie sie anhand von Diagrammen eingeübt wird. Die Korrektheit wird durch die soziale Kontrolle des Gebrauchs garantiert. Das Problem der großen Zahlen kann dabei durch Rechentechniken im Dezimalsystem umgangen werden.

Auch Beweise stellen eine Tätigkeit (procedure) dar. Unser epistemisches Vorgehen ist also weniger mit der Intuition von Objekten als mit dem Erwerb von Fertigkeiten zu vergleichen. Dass strenge Beweise einen wesentlichen Gebrauch von praktischen Regeln machen, ist offensichtlich nicht mit dem Deduktionismus zu vereinbaren, aber auch nicht mit der mathematischen Objekttheorie.

Zum Problem von All-Aussagen, die sich auf unendlich viele Individuen beziehen können, sagt Hossack, dass man unterscheiden sollte zwischen einem referentiellen und einem nicht-referentiellen Charakter. Im ersten Fall (Z. B. „Alle Schwestern von Jack sind blond") ist der Satz äquivalent mit einer Konjunktion von Sätzen, die aussagen, dass eine einzelne Schwester blondes Haar hat. Im Gegensatz dazu stehen Sätze wie „Alle Schwäne sind weiß" oder „Alle unverheirateten Männer sind Männer", die keinen referentiellen Bezug auf ein einzelnes Objekt haben, da ihre Aussage nur aus den Begriffen folgt, also analytisch ist.

Bei referentiellen All-Aussagen, die nicht in endlicher Zeit untersucht werden können, gibt es zwei Möglichkeiten, wie durch eine endliche Tätigkeit etwas über allgemeine Tatsachen ausgesagt werden kann. Man kann durch ein Gegenbeispiel feststellen, dass ein allgemeiner Satz falsch ist, oder man kann ihn in endlich vielen Schritten bestätigen. Wie können aber die Prämissen gewusst werden? Da hilft auch die platonistische Sicht nicht, dass die Wahrheit von Sätzen auf der Wahrheit der Axiome aufbaut. Denn Axiome können weder durch ein Gegenbeispiel widerlegt werden, noch durch einen endlichen Beweis bestätigt werden, wenn sie unabhängig von anderen Axiomen sind. Wenn man die Axiome schon nicht wissen kann, wie soll man erst die abgeleiteten Sätze wissen können.

Hossack fragt, ob nicht Gödels Ansatz hilfreich ist, dass die Wahrheit der Axiome nicht durch ihre Evidenz, sondern durch die Nützlichkeit ihrer Anwendungen im endlichen Bereich gesichert ist. Wie können aber die Ergebnisse einer konkreten, endlichen Rechnung die Überzeugung von allgemeinen Gesetzen rechtfertigen? Beispiel: Ein mathematischer Satz sagt, dass es keine größte Zahl gibt, da jede Zahl einen Nachfolger hat. Da wir auf sehr große Zahlen stoßen, nehmen wir an, dass die Anzahl der Zahlen auch sehr groß sein muss. Warum muss sie aber unendlich sein, wenn eine sehr große, aber endliche Zahl die endlichen Tatsachen genausogut rechtfertigt?

Die Alternative zum Platonismus besteht darin, allgemeine Sätze als nicht-referentiell anzusehen, so dass deren Objekte keine Wahrheitsbedingungen erfüllen müssen. Sie werden durch die Tatsachen über Tätigkeiten (procedures) wahr. So ist die Goldbachsche Vermutung wahr, wenn eine Prozedur bei der Suche nach einer geraden Zahl, die nicht die Summe zweier Primzahlen ist, niemals zu einem Ende kommt. Die Prozedur-Theorie stützt sich im Gegensatz zum Intuitionismus auf den Satz vom ausgeschlossenen Dritten.

Mathematik muss gebraucht werden, um den mathematischen Termen überhaupt eine Bedeutung zu verleihen. Regeln sind erforderlich, um Zusammenhänge von Eigenschaften darzustellen, wie sie in den Theoremen enthalten sind. In beiden Fällen ist eine Zusammenarbeit mit der Welt erforderlich, wenn Mathematik erfolgreich sein soll. Der reale Gebrauch von Mathematik ist eine Vorbedingung für Mathematik in einer Welt, es ist aber nicht erforderlich, dass eine Prozedur realisierbar ist, sondern sie muss nur möglich sein. Deshalb sagen Mathematiker auch, dass ihr Gegenstand „ideale" Operationen erfordert (z. B. Linien mit Längen ohne Breite). Es sind mögliche Welten denkbar, die die Voraussetzungen zur Anwendung einer Prozedur nicht erfüllen, etwa einigermaßen konstante Gegenstände, die nicht ständig verschwinden. Daher besteht Mathematik nicht aus logischen Wahrheiten (= wahr in allen möglichen Welten).

Mathematische Wahrheiten sind objektiv, weil die Naturgesetze bestimmen, was das Ergebnis einer Handlung ist. Andererseits wird unterstellt, dass mathematische Wahrheit a priori ist und entdeckt wird. Im Unterschied zum Platonismus verwendet die Gebrauchstheorie (procedure theory) eine nicht-mathematische Sprache, um die Beziehung zwischen mathematischer Sprache und Welt zu beschreiben. Sie ist eine Theorie über die Semantik der Mathematik. Es ist kein Widerspruch, wenn sie sowohl den Standpunkt vertritt, dass es ein apriorisches Wissen gibt, als auch dass die Naturgesetze mathematisches Wissen möglich machen. Es bleibt zu erklären, wieso apriorisches Wissen von Naturgesetzen abhängen kann. Hossack bezieht sich dabei auf Kant und Strawson, die versuchen zu zeigen, dass sich die Gegenstände im großen und ganzen in jeder Welt, die verständlich und von uns erfassbar sein soll, „normal" verhalten müssen (z. B. ihre Identität über einige Zeit bewahren müssen), d.h. dass die physikalischen Voraussetzungen der Prozeduren (Abzählen, Zeichnen usw.) erfüllt sind. Wir können also a priori sagen, dass jede intelligible Welt wahrheitsgetreu durch Mathematik beschrieben werden kann.

Hossack versucht eine Lösung des Benacerrafschen Dilemmas, indem er sich von den Zwängen einer platonistischen Ontologie und einer formalistischen Erkenntnistheorie frei macht und Mathematik als eine besondere Art von Tätigkeit ansieht. Die Vereinigung vieler Ideen in seiner Theorie (Kant, Wittgenstein usw.) wirkt aber verwirrend und scheint noch nicht ganz ausgearbeitet zu sein.

4.5 Modifizierungen des Platonismus

4.5.1 Mathematik als Wissenschaft von Strukturen (Resnik)

Michael Resnik (University of North Carolina, USA) bezeichnet sich in seinem Artikel „Mathematics as A Science of Patterns" (1982) selbst als Platonisten, da er die Mathematik als Wissenschaft abstrakter Entitäten ansieht, die weder materiell noch noch mental (Produkte des Geistes) sind. Die mathematischen Gegenstände existieren für ihn außerhalb von Raum und Zeit.
Er sieht die Probleme des Platonismus:
- Wie können wir etwas über diese abstrakten Objekte wissen?
- Es wird die Existenz mathematischer Objekte behauptet, es gelingt aber nicht, ihre Individualität zu bestimmen, die Objekte sind nur bis auf Isomorphie bestimmt.

a) Ontologie: Objekte und Muster
Es ist für Resnik ein Merkmal der Mathematik, dass es keine Objekte mit inneren Eigenschaften gibt, da die Eigenschaften nur durch die Struktur festgelegt sind. Ihre Identität ist bestimmt durch ihre Beziehung zu anderen Positionen in der Struktur, zu der sie gehören. Von isolierten mathematischen Objekten können wir kein Wissen haben. Geometrische Punkte sind für ihn ein Modell für mathematische Objekte. An Stelle des Wortes Struktur verwendet Resnik das Wort pattern (Muster/Modell), weil es für ihn suggestiver ist. Er entwickelt seine Theorie in Anlehnung an Geometrie und Modelltheorie. Muster und ihre Positionen sind abstrakte Entitäten. Ein Muster ist eine komplexe Entität, die aus einer oder mehreren Objekten besteht, die Positionen genannt werden. Der Begriff des Musters eröffnet auch Querverbindungen zu Linguistik und Musik. Mit dieser Definition sieht Resnik das epistemologische Problem des Platonismus als lösbar an.

Angewandt auf die natürlichen Zahlen besteht das Muster aus der Nachfolgebeziehung (Relation) und den einzelnen Zahlen (Positionen).

Im Folgenden stellt er dar, wie Äquivalenz, Kongruenz, Isomorphie, Identität und Ereignisse (= occurence) in seiner Theorie verstanden werden und welche Schwierigkeiten dabei auftreten.

Er ist der Meinung, dass mit seiner Definition mathematischer Objekte und ihrer Zurückführung auf die Mengenlehre Probleme der Ontologie und Referenz im Tarskischen Sinne gelöst werden können. Mathematische Sätze beschreiben eine objektive Realität, wobei er das Vorkommen (= occurence) eines Musters fixiert und die übrigen Modelle darauf zurückführt (Referentielle und ontologische Relativität im Sinne Quines).

Was die Wahrheit, Falschheit und das Fehlen von Wahrheitswerten bei mathematischen Sätzen angeht, sieht er Übereinstimmungen mit Field (und das, obwohl Field doch den Begriff der Wahrheit „eliminiert"!!).

b) Epistemologie: Meinen und Wissen
In Anlehnung an Piaget spekuliert (sein eigenes Wort) Resnik darüber, in welchen Stufen wir Meinungen über abstrakte Strukturen herausbilden. Dies ist ein Prozess, in dem wir immer mehr logische Strukturen aufbauen, die dann zum Schluss zu abstrakten Entitäten verbunden werden:
1. Stufe: Unser Wissen von Mustern beginnt mit der Erfahrung, dass etwas ein Muster hat. In einer neuen Situation scheint zunächst alles amorph und zufällig, langsam erkennen wir Muster.
2. Stufe: Wir bilden strukturelle Äquivalenzrelationen und nehmen Klassifizierungen vor.
Auf geometrischem Gebiet werden konkrete Dinge als rund, quadratisch oder dreieckig beschrieben, ohne dass ein Begriff von Kreisen, Quadraten oder Dreiecken vorhanden ist. Resnik nennt das das prädikative Stadium. Dabei werden bereits viele Gesetze erkannt, die später in abstrakten Termen ausgedrückt werden. Zum Beispiel macht man die Erfahrung, dass drei Dinge weniger als fünf Dinge sind, ohne zu wissen, dass 3 kleiner als 5 ist.
3. Stufe: Die Prädikate werden ergänzt durch Namen von Formen, Typen und anderen Mustern (Kreise, Quadrate, Dreiecke). Mathematisch gesprochen handelt es sich um den Übergang von Äquivalenzrelationen zu Äquivalenzklassen. Es gibt auch Versuche, die Strukturen zu beschreiben: Kreise als Punktmengen, und es entsteht das Interesse an der Form als solcher.
4. Stufe: Das abstrakte Denken entfernt sich von der Erfahrung. Unsere Theorien werden zu Theorien über abstrakte Entitäten. Mathematiker kombinieren, verändern, dehnen Muster aus, die sie über Abstraktion aus der Erfahrung erhalten haben. Die Beziehung zwischen Mathematik und den Stufen, die dazu führen, ist für ihn vergleichbar mit der Beziehung zwischen linguistischer Theorie und Spracherwerb.

Bei der Frage, was zuerst da ist (Erfahrung oder strukturiertes Denken), sieht Resnik Übereinstimmungen zu Platon und Aristoteles, aber auch Unterschiede. Er glaubt z. B. nicht an ein apriorisches Wissen (gegen beide), andererseits möchte er die Fähigkeit zur Bildung von Mustern nicht wie im Konstruktivismus auf einfache, überschaubare Muster beschränken.

Resnik sieht es als „garantiert" an, dass es mathematische Wahrheiten gibt, dass sie etwas über abstrakte Entitäten aussagen und dass wir eine Fülle von Wissen über Muster haben. Die reine Theorie ist eine deduktive Theorie, die auf Axiomen aufbaut und unabhängig von den Anwendungen ist, aus denen sie abstrahiert wurde. Sie ist dann wahr, wenn sie nicht falsifiziert wurde, d.h. wenn sie konsistent ist und ihre Muster eindeutig beschreibt. Die angewandte Theorie ist dann falsifiziert, wenn die Beobachtungen nicht mit den Mustern der Theorie übereinstimmen.

Resnik versucht, den platonistischen Standpunkt dadurch zu retten, dass er die dubiosen mathematischen Objekte durch Strukturen ersetzt und den auch unter Mathematikern verbreiteten Gedanken, dass Mathematik die Wissenschaft von den Strukturen ist, zur Grundlage seiner Theorie macht. Da Strukturen seiner Meinung nach in der Wirklichkeit objektiv vorhanden und den Sinnen zugänglich sind, ergibt sich für ihn kein epistemologisches Problem. Durch seinen neuen Ansatz kann er die Tarskische Semantik beibehalten, ohne in die üblichen epistemologischen Schwierigkeiten zu kommen.

Resnik wird häufig zitiert, obwohl sein Ansatz einige Schwierigkeiten mit sich bringt: Er scheint von der Psychologie her motiviert zu sein („patterns"), bemüht sich auch um die technischen Probleme (was seine Überprüfung nicht erleichtert) und behandelt manche philosophischen Probleme (z. B. das des Wissens) recht flüchtig. Bei seinem platonistischen Ansatz überrascht die Nähe zu Lakatos' Quasiempirismus.

4.5.2 Post-Benacerrafsche Probleme (Maddy)

Penelope Maddy (Department of Philosophy, University of California, Irvine, USA) ist neben Michael Resnik eine der exponiertesten Vertreterinnen des Platonismus in der Philosophie der Mathematik. In ihrem Artikel „Philosophy of Mathematics: Prospects for the 1990s" (1991) sieht sie das Benacerrafsche Dilemma durch eine Annäherung von Platonisten und Nominalisten in der Frage der Realität mathematischer Objekte seit Beginn der 80er Jahre als gelöst an. Aufgabe der post-Benacerrafschen Diskussion sei das viel wichtigere Problem der Rechtfertigung der Axiome.

Sie geht zunächst einmal davon aus, dass der Kontext, in dem Benacerraf sein Dilemma formuliert hat, ein anderer geworden ist. Die Orientierung an der Semantik von Tarski und an der kausalen Theorie des Wissens sei überholt. Sie sieht auch bei Autoren, die gegensätzliche Standpunkte zu ihr vertreten (z. B. bei Field, s. ihren Artikel in: Irvine 1990), einen Konsens darüber, dass das Benacerrafsche Dilemma in der ursprünglichen Schärfe nicht mehr haltbar ist:

1. Die traditionelle platonistische Ontologie der Mathematik kann modifiziert werden, ohne Ergebnisse und Methoden der klassischen Mathematik aufzugeben (z. B. kann der Platonist Zahlen als Eigenschaft endlicher Mengen ansehen und so den Nominalisten darin zustimmen, dass Zahlen nicht existent seien (in: Irvine, S.272).
2. In Zusammenhang damit ist eine Epistemologie möglich, die von der gewöhnlichen sinnlichen Wahrnehmung ausgeht. Der Preis dafür ist aber eine - nach ihrer Meinung - „ontologische Kesselflickerei".

Allen platonistischen Ansätzen (Shapiro, Resnik, Kitcher, Hellman) gemeinsam sei, dass sie die Gegenstände der Mathematik so definieren, dass das Basiswissen durch sinnliche Erfahrung gewonnen werden kann. Auch für sie selbst sind die mathematischen Objekte der gewöhnlichen sinnlichen Erfahrung zugänglich, da sie die traditionellen Gegenstände der Mathematik (Mengen, Zahlen, Funktionen) aus dem platonischen Himmel in den vertrauten Raum-Zeit-Zusammenhang versetzt. Auch der formalistische Ansatz (Field) versuche, mathematische Strukturen durch Raum-Zeit-Strukturen zu ersetzen, so dass Mathematik der sinnlichen Wahrnehmung zugänglich wird.

Nach Maddys Meinung ist damit das Problem einer elementaren Epistemologie gelöst (z. B. das Wissen über 2 + 2 = 4), offen bleibt aber noch das Problem von theoretischen Sätzen, wie z. B. Cantors Kontinuumhypothese. Für Maddy liegt kein Dilemma vor, weil sie nicht daran zweifelt, dass solche Sätze gewusst werden können. Ein Problem sieht sie nur darin, dass konkurrierende Axiomensysteme entwickelt werden, die dem einen oder anderen Problem der Mathematik gerecht werden, dass es aber bisher keine Methodologie für Axiomensysteme gibt, die Gründe für die Entscheidung für das eine oder andere Axiomensystem liefert.

Es stellen sich also folgende Probleme:
1. Welcher ontologische Ansatz der bisher entwickelten ist der beste?
2. Wie können die Axiome der Mathematik gerechtfertigt werden?
Die erste Frage hält sie für ein internes Problem der Philosophie, die zweite für grundsätzlich und hilfreich für eine neue Grundlagenforschung der Mathematik. Darüberhinaus beende das zweite Problem das Dilettieren in der Philosophie der Mathematik und erfordere Fachkenntnisse. Außerdem könnte ein Studium der benachbarten Wissenschaften (z. B. der Physik) hilfreich sein, um durch Analogieschlüsse auf Lösungen zu kommen.

Bemerkungen:
1) Penelope Maddy hat ihre Modifizierung des Platonismus bereits 1980 veröffentlicht und 1990 weiter ausgeführt. Sie lehnt ihren „naturalisierten Platonismus" an Gödel an und unterscheidet elementare wahrnehm-

bare/intuitive Begründungen (für kleinere Mengen aus physikalischen Objekten mittlerer Größe) und theoretische Begründungen auf höherem Niveau. Die Objekte der ersten Art sind in Raum und Zeit lokalisiert und haben kausale Wirkung. An ihrem ersten Ansatz, die elementaren Objekte der Mathematik in den Raum-Zeit-Zusammenhang einzuordnen, hat sogar ihre platonistischer Kollege James Robert Brown Kritik geübt: In seinem Artikel „ in the sky" (1988, s. Irvine, S.95-110) weist er auf darauf hin, dass Maddy voraussetzt, dass bei kleinen Mengen physikalischer Objekte (drei Eier im Kühlschrank) nicht mehr gezählt wird, sondern die Gesamtheit als Menge sinnlich wahrgenommen wird. Die Menge der Eier „fällt in unser Gesichtsfeld" (Field). Brown steht dem skeptisch gegenüber und macht einen Unterschied zwischen sinnlicher Wahrnehmung und Folgerungen aus der sinnlichen Wahrnehmung (Mengenbildung, Abbildung auf die Menge der Kardinalzahlen). Er sagt auch, dass nach Maddy reine Mengenlehre nicht möglich ist.

Maddy ist der Meinung, dass die Probleme mit überschaubaren Mengen unter 1) fallen und letztlich uninteressant sind, bzw. als im Großen und Ganzen durch verschiedene Ansätze als lösbar anzusehen sind.

2) Ihre Einschätzung, dass die Tarskische Semantik und die kausale Theorie des Wissens überholt sind, wird nicht näher begründet. Die Problematik der kausalen Theorie des Wissens wird im Aufsatz von Brown deutlich, wenn auch keine Alternativen angegeben werden. Auf einige Probleme der Tarskischen Semantik habe ich in 3.2.3 hingewiesen.

3) Maddys Abwertung der „ontologischen Pfuschereien" als internes Problem der Philosophie sehe ich nur als Polemik an.

4) Die Konzentration auf die Axiomatik ergibt sich ganz zwangsläufig, wenn man davon ausgeht, dass deduktive Beweise in der Mathematik eine zentrale Bedeutung haben. Bleibt also, die Wahrheit der Axiome zu begründen.

5) Penelope Maddy nimmt die Vagheit der Benacerrafschen Aussagen zu wenig zur Kenntnis und meint mit ihrem Hinweis, dass die Tarskische Semantik und die kausale Theorie des Wissens überholt seien, das Dilemma entschärft zu haben.

6) Auf der einen Seite ist es positiv zu bewerten, dass Maddy an die fachwissenschaftliche Kompetenz appelliert, andererseits ist dann - wie bei Rota - der Gefahr der Abwendung von den philosophischen Problemen recht groß.

Das Problem einer Verbindung von Semantik und Epistemologie bleibt aber m. E. weiter bestehen:

Entweder werden die Axiome platonistisch gerechtfertigt, dann kann man nicht erklären, wieso man sie weiß, oder sie sind willkürliche Annahmen, aus denen sich die übrigen Sätze herleiten lassen, dann sind sie funktional gerechtfertigt, aber nicht „wahr".

4.6 Holistischer Ansatz (Tymozko)

Thomas Tymoczko (Dept. of Philosophy, Wright Hall, Smith College, Northampton, USA) kritisiert in seinem Artikel „Mathematics, science and ontology" (1991) zahlreiche Schwächen der Benacerrafschen Prämissen, Argumente und Zielvorstellungen:
- Beschränkung auf ontologische Form des Platonismus (mit Existenzbehauptungen),
- fehlende Unterscheidung von Objekten der Mathematik und der Naturwissenschaften,
- Bevorzugung einer kausalen Theorie der Referenz und der auf Referenz aufbauenden Semantik im Tarskischen Stil und gleichzeitig Behauptung der Unmöglichkeit einer kausalen Theorie des Wissens bei abstrakten Objekten,
- Gegenüberstellung von Platonismus und so nicht haltbarer Form des Formalismus: Wenn Benacerraf formale Beweise als befriedigende Bedingungen für Wissen ansieht, dann akzeptiert er abstrakte Objekte (in diesem Fall Beweise). Wenn wir Beweise herstellen und überprüfen können, dann können wir aber mit abstrakten Objekten in Beziehung treten. Benacerrafs Kritik am Platonismus trifft also genauso seine Auffassung des Formalismus.
- Überbetonung des logischen Aspekts der Beweise, der in der Praxis nur eine untergeordnete Bedeutung hat.

Dagegen formuliert Tymoczko - in Anlehnung vor allem an Quine - folgende Thesen:
1. These (radikale Ontologie): Es gibt überhaupt nur abstrakte Objekte, mathematische Objekte sind Paradigmen dieser abstrakten Objekte. Ihre Existenz genügt, um unsere am besten begründeten Meinungen wahr zu machen. Abstrakte Objekte haben ihre Bedeutung nur innerhalb der Struktur, in die sie eingebettet sind.
2. These: Mathematik ist eine quasi-empirische Wissenschaft, den Naturwissenschaften vergleichbar. Deshalb kann Mathematik auch als induktive Wissenschaft verstanden werden. Eine geeignete Form der kausalen Theorie des Wissens kann auch mathematisches Wissen erklären.
Zur 1. These:
Abstrakte Objekte sind für Tymoczko solche, von denen einige Arten außerhalb von Raum und Zeit existieren. Zum Beispiel sind Farben abstrakte Objekte, da es auch solche gibt, die nicht in Raum und Zeit exis-

tieren (Schattierungen von Blau, die noch nie vorgekommen sind). Das Paradigma eines abstrakten Objektes sind die mathematischen Objekte (Zahlen, Funktionen, Mengen, Klassen, Räume, Strukturen usw.). Kleine endliche Zahlen existieren für ihn, große Kardinalzahlen sind Fiktionen. Abstrakte Objekte (z. B. Beweise), die wir produzieren, sind sowohl konkrete als auch abstrakte Objekte. Sie hängen nicht von ihrer Existenz in Raum und Zeit ab, aber es kann für sie ein Beispiel in Raum und Zeit angegeben werden. Abstrakte Objekte werden physikalisch, wenn wir sie beobachten. Physikalische Objekte sind besondere abstrakte Objekte.

Diese Auffassung führt zurück zum logischen Platonismus von Frege. Für Frege waren abstrakte Objekte der sinnlichen Wahrnehmung nicht zugänglich, Mathematik war keine empirische Wissenschaft. Dagegen lehnt Tymoczko den apriorischen Charakter der Mathematik bei Frege ab und versucht in Anlehnung an Quine eine Synthese von Frege und Mill.

Zu der Auffassung, dass alle Objekte abstrakt sind, ist Tymoczko durch die moderne Physik gekommen. Abstrakte Objekte der Physik (Quarks, Wahrscheinlichkeitsverteilungen usw.) unterscheiden sich nicht von den abstrakten Objekten der Mathematik. Wir haben keine Bilder der physikalischen Objekte mehr außerhalb ihrer mathematischen Beschreibung.

In der Mathematik lassen sich alle Objekte auf Mengen zurückführen. Sie können als die einzigen abstrakten Objekte angesehen werden, die es gibt. Zur Begründung führt er die „Isomorphismus-These" an: Es gibt einen Isomorphismus, z. B. vom aktualen Universum bewegter Billard-Kugeln, die sich nach den Newtonschen Gesetzen bewegen, in den vierdimensionalen Euklidischen Raum und weiter in den abstrakten Euklidischen Raum.

Ontologie spielt also eigentlich keine Rolle (weder im Alltag, noch in der Physik, noch in der Matheamtik). Worauf es ankommt, sind strukturelle Beziehungen (s.a. Quines Unschärfe, Resniks Muster).

Zur 2. These:

Mathematische Wahrheiten mittlerer Ordnung wissen wir durch das Zeugnis unserer Sinne, die grundlegenden Axiome durch Induktion, wegen ihrer Kraft, uns die Wahrheiten mittlerer Ordnung zu begründen. Wir können nicht die abstrakten Objekte sehen und berühren, sondern nur diejenigen, die in dem Funktionenraum lokalisiert sind, den wir das reale Universum nennen. Unser Raum-Zeit-Universum ist eine spezielle abstrakte Struktur. Die kausale Theorie des Wissens, die sich in natürlicher Weise auf konkrete physikalische Objekte bezog, muss auf abstrakte Objekte ausgedehnt werden. Wir sind von Axiomen überzeugt, weil sie uns zu Theoremen führen, von denen wir überzeugt sind (wie Russell 1973 argumentierte).

Wir können abstrakte Strukturen wissen als induktive Verallgemeinerungen, die auf unserer Erfahrung aufbauen. Das Kriterium ist ihr großer Erfolg und ihre Nützlichkeit bei der Erklärung und Vorhersage unserer Erfahrungen. Es entsteht ein künstliches philosophisches Problem, wenn man auf der einen Seite erklären soll, wie man Wissen über die rein abstrakten Objekte der Geometrie haben kann, andererseits erklären muss, wieso geometrische Wahrheiten in der Physik so nützlich sein können. Nach Nicolas Goodmans Meinung sind abstrakte Objekte sehr gute Annäherungen an konkrete physikalische Objekte.

Nach der Auffassung von Tymoczko existiert nur dann ein epistemologisches Problem, wenn man davon ausgeht, dass Mathematik eine apriorische Wissenschaft ist. Für ihn ist die Mathematik - in Anlehnung an Mill - die allgemeinste induktive Wissenschaft, die wir haben.

Allerdings sind für ihn noch einige Fragen offen:
- Wie ist es zu erklären, dass für den aktiven Mathematiker empirische Bestätigung keine ausreichende Rechtfertigung ist, dass er auf Beweisen besteht?
- Wie kommt es zu der merkwürdigen Übereinstimmung der Mathematiker in Fragen der elementaren Logik, der Ästhetik, relevanter Konzepte?
Die Position von Tymoczko scheint mir die am besten durchdachte und differenzierteste zu sein. Er nimmt - bei aller Kritik an Einzelheiten der Argumenation und der Wunschvorstellung - Benacerrafs Anliegen ernst und knüpft an Grundideen der Philosophie von Quine an:
- HOLISMUS: Wissenschaften und Alltagswissen hängen zusammen und liefern ein Gesamtbild der Welt. Wahrheit ist ein grundlegender Begriff.
- ONTOLOGIE: Die Gegenstände aller kohärenten Theorien zusammen liefern die Gegenstände der Welt. Es gibt nur eine Art von Gegenständen, abstrakte und konkrete Gegenstände können nicht prinzipiell auseinandergehalten werden, es gibt fließende Übergänge.

Tymoczko bezeichnet diese eine Art von Gegenständen als „abstrakt", weil er in der modernen Physik die Tendenz sieht, dass ihre Objekte nur mehr in mathematischer Beschreibung existieren. Er entfaltet seine an Quine angelehnte Grundidee so, dass Mathematik zu einem integralen Bestandteil unseres gesamten Wissens wird. Durch den holistischen Ansatz schließen sich Wahrheit und Wissen nicht mehr aus.

Tymoczko verschließt die Augen nicht davor, dass sich Teile der Mathematik verselbständigt haben und keine Theorien mehr über die Welt sind, sondern Fiktionen ohne Bedeutung. Außerdem sieht er noch einige offene Probleme, da es in der Mathematik nicht ausreiche, nur eine gute

Idee zu haben, sondern dass man sie auch noch technisch durchführen können müsse.

Der Ansatz von Tymoczko kann gut durch die Wahrheitstheorie von Davidson, auf die er nicht eingeht, ergänzt werden.

4.7 Bemerkungen zur post-Benacerrafschen Diskussion

Die besprochenen Ansätze wurden unter dem Aspekt einer möglichst großen Vielfalt ausgewählt. Das Problem von Wahrheit, Wissen und Anwendbarkeit steht in ihnen im Mittelpunkt.

Wenn man von W.D.Hart absieht, der das Dilemma wörtlich nimmt und als grundlegende philosophische Antinomie ansieht, können einige Ergebnisse der Diskussion festgestellt werden. Die Gemeinsamkeiten sind dabei so augenfällig und stark, dass die Unterschiede z. B. von Maddy kaum noch ernstgenommen werden:

- Die reinen Formen von Platonismus (Zweiweltentheorie) und Formalismus (Mathematik als bedeutungsloses Spiel), von denen Benacerraf ausgegangen ist, werden heute nicht mehr vertreten. Der göttliche Standpunkt, dass die mathematischen Objekte eine Existenz außerhalb von Raum und Zeit und unabhängig von Wahrnehmung und Denken haben, ist verlorengegangen. Auf der anderen Seite ist die formalistische Hoffnung auf die Rettung der Gewissheit in der Mathematik durch Gödel zunichte gemacht.
- Bei allen Differenzen scheint heute Einigkeit darüber zu bestehen, dass Mathematik nicht die Wissenschaft einer besonderen Art von Objekten ist, sondern dass es um die empirische Realität geht, die Mathematik unter einem besonderen Blickpunkt und mit besonderen Methoden untersucht. Die beste Evidenz für die Mathematik ist ihre Anwendbarkeit in Wissenschaft und Alltag (bezogen also auf die physikalische Welt). Wird auf diese Weise ein Teil der Mathematik als wahr angesehen, so werden auch innermathematische Aussagen, die das Ziel der Vereinfachung und Kohärenz verfolgen, als wahr akzeptiert (Berührungspunkt zwischen Gödel und Field).
- Die meisten Ansätze scheinen in der aristotelischen Tradition zu stehen, dass wissenschaftliche Theorien Widerspiegelungen des Universums in unserem Denken sind, gemeinsam.
- Formalistische Auffassungen werden in der Philosophie nicht mehr vertreten, neben den Beweisen hat die Bestätigung mathematischer Erkenntnisse durch die Wirklichkeit ein besonderes Gewicht.
- Die Problemverschiebungen, die uns auf eine ständig höhere Stufe bringen.

Das Grundproblem des Benacerrafschen Dilemmas ist bereits bei Lakatos zu finden: „Wer eine bedeutungsvolle Mathematik wünscht, muss der Gewissheit entraten. Wer Gewissheit wünscht, muss die Bedeutung beiseiteschieben. Man kann nicht beides zugleich haben" (S.95). Wie Lakatos sich entscheidet, ist klar: Er verzichtet auf Gewissheit und sieht Mathematik als bedeutungsvolle Wissenschaft. Aber er verzichtet auch auf den Begriff der Wahrheit. Mathematik ist eine hypothetische Wissenschaft.

Der „quasiempirische" Ansatz hat einen großen Einfluss gehabt (z. B. auf Putnam und Tymoczko). Lakatos ist aber nicht mehr dazu gekommen, sein immer wieder angekündigtes Werk zur Philosophie der Mathematik zu schreiben, so dass die Überprüfung noch aussteht, ob sein Ansatz die philosophischen Grundprobleme der Mathematik löst.

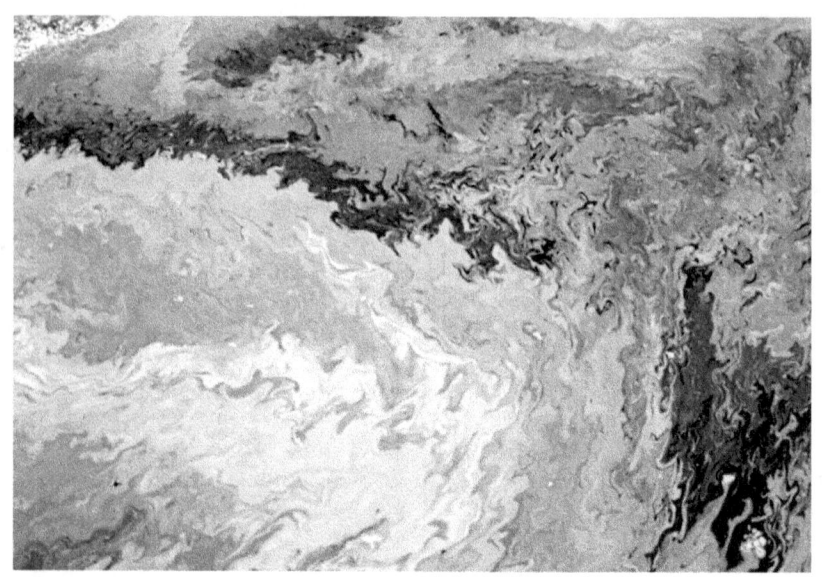

5 SCHLUSSBEMERKUNG

Wir stehen in der Philosophie der Mathematik heute also vor der folgenden Situation:

Bis ins vorige Jahrhundert war Mathematik *die* Wissenschaft, in der Wahrheit und Wissen kein Problem waren. Die Sätze der Mathematik wurden als ewige und vom Menschen unabhängige Wahrheiten über die Welt angesehen. Die Beweismethode der Mathematik galt als der sicherste Weg, Erkenntnisse zu gewinnen. Mathematik war der Garant dafür, dass reine Vernunfterkenntnisse (unabhängig von jeder Erfahrung) über die Welt möglich sind (rationalistisches Dogma). Evidenz und Intuition waren eine Möglichkeit, unmittelbaren Zugang zur Wahrheit zu finden.

Die Entdeckung/Erfindung der nichteuklidischen Geometrien im vorigen Jahrhundert machte eine Neuorientierung nötig: Die gewöhnlichen geometrischen Figuren waren keine geeignete Interpretation der mathematische Zeichen mehr, andererseits waren die neuen, merkwürdigen Interpretationsmodelle keine bizarren Kunstgebilde, sondern passten zu Beobachtungen der modernen Physik, die von den traditionellen

Theorien nicht erfasst werden konnten. Sie ermöglichten den theoretischen Zugang zu einer nichtanschaulichen, ja der Anschauung zuwiderlaufenden Welt. Die Welt ist größer, als der gesunde Menschenverstand sich träumen lässt. Intuition/Evidenz reichen zur Interpretation mathematischer Zeichen nicht mehr aus. Die verrücktesten Modelle erhalten durch die modernen Naturwissenschaften ihre Existenzberechtigung. Der Rationalismus verlor sein Hauptargument, die Existenz der Mathematik.

Im Verlauf der sog. Grundlagenkrise wurden zwei Ziele verfolgt: die Rettung der Wahrheit durch Suche nach einer neuen, evidenten Grundlage der Mathematik (z. B. in der Mengenlehre und der Logik), die Rettung der Gewissheit in der Mathematik durch Formalisierung und Präzisierung der Beweistheorie. Beide Projekte scheiterten: das erste an den Paradoxien der Mengenlehre, das zweite am Gödelschen Unvollständigkeitssatz und der Nichterklärbarkeit der Anwendungen. Damit war die traditionelle Auffassung der mathematischen Erkenntnis als sicherer Erkenntnis ewiger Wahrheiten endgültig gescheitert.

Lakatos fasste die Situation 1963/64 in folgendem Paradoxon zusammen: „Wer eine bedeutungsvolle Mathematik wünscht, muss der Gewissheit entraten. Wer Gewissheit wünscht, muss die Bedeutung beiseiteschieben. Man kann nicht beides zugleich haben" (Lakatos, S.95).

Auf der anderen Seite tat sich der Empirismus immer schwer mit der Mathematik. Die Existenz einer Wissenschaft, deren Gegenstände der sinnlichen Wahrnehmung nicht zugänglich sind und die trotzdem in der Wirklichkeit Anwendung finden, war eine Provokation. So gab z. B. David Hume (1711-1776) der Mathematik eine Sonderstellung, indem er sie den „relations of ideas" zuordnete, wo im Gegensatz zu den „matters of fact", den Tatsachen, notwendige Aussagen möglich waren. Erst im 20. Jahrhundert hat der Empirismus seine Ansätze so verfeinert, dass ein neuer Versuch gestartet werden konnte, das Problem Mathematik anzugehen.

In einem ersten Anlauf wurde versucht, Mathematik unter naturwissenschaftlichem Blick zu betrachten. Ihre Sätze waren nun keine Wahrheiten mehr, sondern Hypothesen, die sich in Gedankenexperimenten und durch ihren Erfolg in der wissenschaftlichen Praxis bewährten bzw. widerlegt wurden (Lakatos, Wittgenstein).

1973 fasste Benacerraf die Problematik in seinem Dilemma zusammen. Ein intuitiver, empirisch orientierter Wahrheitsbegriff (Korrespondenz von Sprache und Welt) und ein intuitiver, empirisch orientierter Wissensbegriff (Rechtfertigung durch Kausalketten), eine platonistische Auffassung der Mathematik (Wissenschaft abstrakter/idealer Objekte) und eine formalistische Auffassung der Mathematik (formales Spiel ohne

Inhalt) schließen sich gegenseitig aus, mal ganz abgesehen von den Schwierigkeiten, die jeder dieser Ansätze für sich genommen mit sich bringt (z. B. Unvollständigkeitssatz).

Die neueste Entwicklung in den Naturwissenschaften führt z. T. zu einer Abwendung von den traditionellen Methoden: die neuen Forschungsbereiche sind nur mehr beschränkt experimentell zugänglich; es scheint nicht mehr möglich, eine einheitliche, axiomatische Methode zu anzustreben; Gegenstände, z. B. der Physik, sind nur mehr durch mathematische Beschreibungen gegeben, deren Interpretationen nicht mehr evident sind. Der Trend scheint eine Annäherung der naturwissenschaftlichen an die geisteswissenschaftlichen Methoden (z. B. Hermeneutik) mit sich zu bringen.

Bei der Suche nach einer „übergeordneten Theorie", die Wahrheit, Referenz, Bedeutung und Wissen erklärt, gibt es neuartige Ansätze, die zunächst sehr befremdlich sind, aber dann einige Überzeugungskraft entwickeln, wenn man sie genauer ansieht. Donald Davidson hat mit Hilfe eines kleinen Kunstgriffs (Umkehr der Argumentationsrichtung in der Tarskischen Wahrheitstheorie) eine Idee geliefert, die Alltagsdenken und Wissenschaft wieder zusammenbringt und sich an der Hermeneutik der Geisteswissenschaften orientiert. Er berücksichtigt sowohl neue Entwicklungen des Empirismus (problematischer Zugang zu einer unbeschriebenen, vom Menschen unabhängigen Welt) als auch den Skeptizismus gegenüber vielen traditionellen philosophischen Positionen. Es ist seiner Auffassung nach (in der Tradition von Quine) nicht möglich, Beobachtungssätze prinzipiell von theoretischen Sätzen zu unterscheiden. Wir haben immer schon eine Theorie über die Welt, wenn wir uns zu ihr verhalten oder Sätze über sie formulieren. Insofern macht es auch keinen Sinn, über die Wahrheit einzelner Sätze zu sprechen. Wahr sein kann nur eine ganze Theorie, wenn sie „passt". Und eine Voraussetzung dafür, dass sie passt, ist, dass sie kohärent ist oder zumindest keine Widersprüche enthält. Dies zu überprüfen, ist in der Mathematik die Aufgabe des Beweises. Orientierungspunkt ist für ihn das tägliche Leben, in dem Handlungen, nicht Letztbegründungen und vollständige Ableitungen für das Überleben wichtig sind. Die Grundfigur seiner Philosophie ist der Interpret, der aus den Aussagen seiner Mitmenschen Sinn macht, indem er sie interpretiert, d.h. auf die Gegenstände seiner Welt bezieht.

Welche Schlüsse lassen sich für die Mathematik ziehen? Zunächst einmal ergibt sich in der Mathematik das Problem, dass jede philosophische Idee Auswirkungen auf den Kalkül hat, also zu technischen Problemen führt, die auch ich als Mathematiker beiseite lassen muss, da sie meine Möglichkeiten übersteigen. Zu den philosophischen Aspekten ist zu sagen, dass der naive Umgang mit Wahrheit und Gewissheit nicht mehr aufrechtzuerhalten ist. Auch die Fragen auf S.6 f. sind Ausdruck dieser Naivität. Es sind Wissenschaften ohne Gegenstände denkbar, die Bedeutung der Beweise muss relativiert werden, sie sind für die Untersuchung der Konsistenz wichtig, können aber nicht die einzige Rechtfertigungsmethode sein. Es ist ein Relikt platonischen Denkens, dass den Begriffen selbständige Wesen entsprechen müssen. Mathematik ist nach dem heutigen Verständnis eine Wissenschaft von Menschen und auch ein Bestandteil der Theorien über die Welt (ob als Sprache oder als Wissenschaft von Strukturen, empirischen Objekten „mittlerer Größe"). Sie ist fehlerhaft, lässt sich nicht als konsistente abstrakte Wissenschaft formulieren und steht immer auch in einem empirischen Lebenszusammenhang. Die größte Evidenz haben empirische „Beobachtungssätze" und ihre (nichtmathematische?) Verallgemeinerung. Mathematik wird, von einigen elementaren Bereichen abgesehen, in der Regel erst auf einem höheren theoretischen Niveau dieser Sätze angewendet. Dieser Ansatz ermöglicht, Mathematik als gefolgerte Theorie zu sehen und mit den strengsten kausalen Theorien des Wissens in Einklang zu bringen.

Obwohl bis heute keine plausible und technisch durchführbare Lösung des Benacerrafschen Dilemmas in Sicht ist, hat die Diskussion bisher doch dazu geführt, ein gewisses Einverständnis über eine Mathematik zu erzielen, die ein integraler Bestandteil unseres empirischen Lebens ist.

6 ANHANG

6.1 Paul Benacerraf: Mathematical Truth[2] (Übersetzung)

Obwohl dieses Symposion den Titel „Mathematische Wahrheit" hat, werde ich auch umfassendere Themen diskutieren, bei denen es im Grunde ebenso um den Begriff der mathematischen Wahrheit geht und die auch davon abhängen, wie man Wahrheit in der Mathematik definiert. Das wichtigste Thema ist das mathematische Wissen. Es gibt, so behaupte ich, zwei ganz verschiedene Interessen, die unabhängig voneinander zu Theorien über die mathematische Wahrheit geführt haben: (1) das Interesse an einer homogenen semantischen Theorie, in der die Semantik mathematischer Sätze parallel zur Semantik der übrigen Sprache entwickelt wird[3], und (2) das Interesse an einer Theorie der

---

[2] Dieser Artikel erschien zum ersten Mal 1973 und wurde wieder abgedruckt in: Benacerraf 1983, S.403-420 (d.Übersetzer).

Vorgetragen auf einem Symposion über Mathematische Wahrheit, gemeinsam gefördert durch die American Philosophical Association, die Eastern Division und die Association for Symbolic Logic, am 27. Dezember 1973. Verschiedene Teile einer frühen Fassung (1967) dieses Textes wurden in Berkeley, Harvard, Chicago Circle, Johns Hopkins, New York University, Princeton und Yale vorgetragen. Ich bin dankbar für die Hilfe, die ich bei diesen Gelegenheiten erhalten habe, genauso wie für viele Kommentare von meinen Kollegen in Princeton, sowohl von den Studenten als auch von der Fakultät. Ich bin insbesondere zu Dank verpflichtet Richard Grandy, Hartry Field, Adam Morton und Mark Steiner. Dass diese Unterstützungen nicht zu einer gründlicheren Verbesserung führten, liegt nur an meiner eigenen Halsstarrigkeit. Die vorliegende Version ist ein Versuch, die wesentlichen Aussagen des längeren Textes zusammenzufassen und dabei kleinere Verbesserungen vorzunehmen. Die ursprüngliche Version wurde 1967/68 geschrieben mit der großzügigen Unterstützung der John Simon Guggenheim Foundation und der Princeton University. Das sei zum Dank erwähnt.

Nachgedruckt mit der freundlichen Erlaubnis der Herausgeber des Journal of Philosophy 70 (1973): S.661-680

[3] Ich erlaube mir hier die Fiktion, dass wir eine Semantik für die "übrige Sprache" haben, oder genauer, dass die Befürworter dieser Ansicht, die ih-

mathematischen Wahrheit, die verträglich ist mit einer vernünftigen Erkenntnistheorie. Meine Hauptthese ist, dass fast alle Konzepte der mathematischen Wahrheit nur einem Interesse *auf Kosten des anderen* gerecht werden. Außerdem bin ich überzeugt, dass jede gute Theorie beiden Forderungen genügen muss. Ich bin deshalb sehr unzufrieden mit jeder Verbindung von Semantik und Erkenntnistheorie, die vorgibt, Wahrheit und Wissen, sowohl innerhalb als auch außerhalb der Mathematik, zu erklären. Und zwar aus folgendem Grund: Alle Wahrheitstheorien, die die mathematische und die nichtmathematische Sprache im Wesentlichen gleich behandeln, können nicht erklären, wie wir überhaupt mathematisches Wissen haben können. Andere hingegen ordnen mathematischen Sätzen Wahrheitsbedingungen zu, von denen wir wissen, wann sie erfüllt sind. Sie tun das aber um den Preis, dass sie nicht imstande sind, diese Bedingungen mit einer Analyse von Sätzen zu verbinden, die zeigt, wie die zugewiesenen Bedingungen Bedingungen ihrer *Wahrheit* sind. Was das bedeutet, muss letztlich im Einzelnen ausgearbeitet werden, wenn es überzeugend wirken soll, was in diesem begrenzten Rahmen nicht möglich ist. Aber ich werde versuchen, es genügend deutlich zu machen, damit man beurteilen kann, ob an dieser Behauptung etwas dran ist.

Ich nehme es als selbstverständlich an, dass jede philosophisch befriedigende Erklärung von Wahrheit, Referenz, Bedeutung und Wissen alle diese Begriffe zugleich behandeln und für alle Sätze adäquat sein muss, auf die diese Begriffe angewendet werden[4]. Eine Theorie des Wissens, die für einige empirische Sätze über physikalische Objekte mittlerer Größe zu funktionieren *scheint*, die aber eher theoretisches

---

ren Antrieb aus dieser Fiktion nehmen, oft selbst denken, eine solche Semantik zu haben, zumindest für philosophisch relevante Teile der Sprache.

[4]Ich werde nichts über Bedeutung in diesem Text sagen. Ich glaube, dass dieser Begriff verdientermaßen in Verruf geraten ist, aber ich lasse ihn nicht deshalb fallen. Neuere Arbeiten, bemerkenswert vor allem die von Kripke, nehmen an, dass das, was lange Zeit für die Bedeutung galt - namentlich der Fregesche "Sinn" - weniger mit der Wahrheit zu tun hat, als Frege oder seine unmittelbaren Nachfolger dachten. Referenz ist das, was vermutlich am ehesten mit Wahrheit verbunden ist. Aus *diesem* Grund will ich meine Aufmerksamkeit auf
die Referenz beschränken. Wenn man zugesteht, dass eine Änderung der Referenz stattfinden kann ohne eine gleichzeitige Bedeutungsänderung und dass Wahrheit etwas mit Referenz zu tun hat, dann ist das Gespräch über Bedeutung ziemlich weit von dem Punkt entfernt, wo die Fülle von Problemen liegt, die uns in diesem Text beschäftigen. Diese Kommentare sind nicht als Begründungen gemeint, sondern nur als Erklärung.

Wissen nicht erklärt, ist unbefriedigend - nicht nur, weil sie unvollständig ist, sondern weil sie auch falsch sein kann, selbst als eine Theorie dessen, was sie gut zu erklären scheint. Anderenfalls würde man, unter anderem, den Zusammenhang unseres Wissens in verschiedenen Gebieten ignorieren. Ähnliches gilt für Wahrheits- und Referenztheorien. Eine Wahrheitstheorie für die Sprache, die wir sprechen, in der wir argumentieren, Theorie, Mathematik usw. betreiben, sollte aus demselben Grund ähnliche Wahrheitsbedingungen für ähnliche Sätze bereitstellen. Die Wahrheitsbedingungen, die zwei Sätzen mit Quantoren zugeschrieben werden, sollen den Beitrag der Quantoren in ähnlicher Weise wiederspiegeln. Jede Abweichung von einer solchen homogenen Theorie müsste gut begründet sein, um in Betracht zu kommen. Eine solche Abweichung könnte sich zum Beispiel in einer Theorie ausdrücken, die den Beitrag von Quantoren im mathematischen Denken anders erklärt als den in unserem alltäglichen Denken über Bleistifte, Elefanten und Vizepräsidenten. David Hilbert stellte eine solche Theorie in „Über das Unendliche" [wieder abgedruckt in Benacerraf 1983, S.183-201] vor, der weiter unten kurz besprochen wird. Später werde ich versuchen, mehr über die Bedingungen, die eine befriedigende allgemeine Wahrheitstheorie für unsere Sprache erfüllen muss, zu sagen, wie auch über die Art, wie eine solche Theorie mit einer vernünftigen Wahrheitstheorie verbunden werden kann. Übrigens sollten wir immer das wirkliche Problem im Auge behalten: unsere übergeordnete philosophische Sicht, obwohl es oft zweckmäßig ist, meine Überlegungen in Begriffen der mathematischen Wahrheitstheorien vorzuführen. Ich werde zeigen, dass es *vom Standpunkt einer übergeordneten Sicht* unbefriedigend bleibt, - nicht nur weil uns eine einigermaßen befriedigende Erklärung der mathematischen Wahrheit oder des mathematischen Wissens fehlt -, sondern weil eine Theorie fehlt, die die beiden zufriedenstellend zusammenbringt; Ich hoffe, dass es letztlich möglich ist, eine solche Theorie zu finden. Ich hoffe ferner, dass dieser Text dazu beiträgt, einige der Hindernisse genauer zu sehen, die dem im Wege stehen.

I. Zwei Arten von Erklärungen
Betrachten Sie die beiden folgenden Sätze:
(1)   Es gibt mindestens drei große Städte, die älter als New York sind.
(2)   Es gibt mindestens drei perfekte Zahlen, die größer als 17 sind.

Haben sie die gleiche logische und grammatische Form? Genauer: Sind beide von der Form
(3)   Es gibt mindestens drei FG's, die in der Relation R zu a stehen.

wobei 'Es gibt mindestens drei' ein Ausdruck ist, der auf die übliche Art mit Hilfe von Existenzquantoren, Variablen und Identität formalisiert werden kann; 'F' und 'G' müssen durch einstellige Prädikate ersetzt werden, 'R' durch ein zweistelliges Prädikat, und 'a' durch den Namen eines Elementes aus dem Definitionsbereich der Quantoren. Was sind die Wahrheitsbedingungen für (1) und (2)? Sind sie im Wesentlichen vergleichbar? Lassen Sie uns die Vagheit von 'groß' und 'älter als' und die Eigentümlichkeiten von attributiv-adjektivischen Konstruktionen im Englischen vernachlässigen, die mit 'großer Stadt' nicht irgendetwas Großes und eine Stadt, sondern eine im Vergleich zu anderen Städten große Stadt (was auch nicht präzise ist). Lässt man diese Komplikationen beiseite, scheint es klar, dass (3) genau die Form von (1) wiedergibt und dass (1) genau dann wahr sein wird, wenn der Gegenstand, der mit dem Ausdruck 'a' ('New York') bezeichnet wird, in der Relation, die mit 'R' bezeichnet wird ['1) ist älter als 2)'], zu mindestens drei Elementen (aus dem Definitionsbereich der Quantoren), mit den Prädikaten 'F' und 'G' ('groß' und 'Stadt') steht. Dies ist, so schließe ich, das, was eine geeignete Wahrheitsdefinition uns sagen würde. Und ich denke, dass es so richtig ist. Wenn (1) also wahr ist, liegt das daran, dass gewisse Städte in einer gewissen Beziehung zueinander stehen usw.

Aber was ist mit (2)? Können wir (3) in derselben Weise als Matrix benutzen, um die Bedingungen *seiner* Wahrheit herauszufinden? Das klingt wie eine alberne Frage, auf die die offensichtliche Antwort „selbstverständlich" ist. In der Geschichte der Philosophie der Mathematik wurden aber bis jetzt viele andere Antworten gegeben. Einige davon (einschließlich einer meiner eigenen früheren und gegenwärtigen[5]) schrekken vor den Konsequenzen zurück, wenn das, was ich einen Standard-Ansatz der Semantik nenne, mit einer platonistischen Sichtweise der Zahlen verbunden wird, und haben von der Annahme Abstand genommen, dass Zahlen nur Namen sind und folglich, dass (2) von der Form (3) ist. David Hilbert (1926) wählte einen anderen, aber ebenfalls widersprüchlichen Zugang, als er versuchte, zu einer befriedigenden Erklärung des Gebrauchs des Unendlichkeitszeichens in der Mathematik zu kommen. Auf der einen Seite kann man Hilbert ansehen als jemand, der eine Klasse von Sätzen und Methoden abtrennte, nämlich die der „intuitiven" Mathematik, als diejenigen, für die wir keine weitere Rechtfertigung brauchen. Nehmen wir an, dass diese in gewissem Sinne „endlich-verfizierbar" sind, der nicht genau erklärt wird. Sätze der Arithmetik, die diese Eigenschaft nicht besitzen - typischerweise gewisse Sätze,

---

[5]Siehe meinen Artikel "What numbers could not be", 1965 [wieder abgedruckt in: Benacerraf 1983, S. 272-294]

die Quantoren enthalten - werden von Hilbert als Mittel angesehen, um von „realen" oder „endlich-verfizierbaren" Aussagen wieder zu solchen „realen" Sätzen zu kommen. Dabei verfährt er eher wie ein Instrumentalist, der Theorien in einer Naturwissenschaft als einen Weg betrachtet, um von Sätzen der Beobachtung zu Sätzen der Beobachtung zu kommen. Diese mathematischen „theoretischen" Sätze nannte Hilbert „ideale Elemente" und verglich ihre Einführung mit der von unendlichen Punkten in der projektiven Geometrie: als Zweckmäßigkeit, um die Theorie der Gegenstände, um die es wirklich geht, einfacher und eleganter zu machen. Wenn ihre Einführung nicht zu einem Widerspruch führt und wenn sie diese anderen Verwendungen haben, dann ist das gerechtfertigt: Deshalb also die Suche nach einem Beweis der Widerspruchsfreiheit für das gesamte System der Arithmetik erster Ordnung.

Wenn das eine vernünftige, wenn auch skizzenhafte Wiedergabe von Hilberts Sicht ist, zeigt sie, dass er nicht alle quantifizierten Sätze als semantisch auf einer Ebene stehend angesehen hat. Es dürfte sehr schwierig sein, der Arithmetik, wie er sie gesehen hat, eine Semantik zu geben. Aber schwierig oder nicht, diese Semantik würde sicher nicht die Quantoren in (2) in derselben Weise wie die Quantoren in (1) behandeln. Hilberts Sicht, wie ich sie umrissen habe, stellt eine glatte Verneinung dessen dar, dass (3) das Modell ist, nach dem (2) konstruiert ist.

In anderen solchen Ansätzen sind die Wahrheitsbedingungen für arithmetische Sätze durch ihre formale Ableitbarkeit aus einer bestimmten Menge von Axiomen gegeben. Wenn diese Erklärungen mit dem Wunsch verbunden werden, jedem geschlossenen Satz der Arithmetik einen Wahrheitswert zuzuordnen, dann werden sie durch den Unvollständigkeitssatz angegriffen. Sie könnten zumindest eine innere Konsistenz wieder gewinnen, wenn sie entweder den Begriff der Ableitbarkeit erweitern (z. B. indem sie die Anwendung einer -Regel in Ableitungen zulassen) oder den Wunsch nach Vollständigkeit aufgeben. Mangels eines besseren Begriffs und weil sie fast immer die syntaktischen (kombinatorischen) Eigenschaften der Sätze benutzen, werde ich solche Ansichten als „kombinatorische" Sichtweisen der Determinanten der mathematischen Wahrheit bezeichnen. Die zentrale Idee kombinatorischer Betrachtungsweisen ist, arithmetischen Sätzen Wahrheitswerte auf der Basis gewisser (üblicherweise beweistheoretischer) syntaktischer Eigenschaften zuzuordnen. Oft wird hier Wahrheit definiert als (formale) Ableitbarkeit aus gewissen Axiomen. (Häufig gibt es eine anspruchslosere Forderung - die Forderung nach Wahrheit-in-S, wobei S das besondere in Frage stehende System ist.) Auf jeden Fall ist Wahrheit bei diesen Ansätzen offensichtlich nicht in Begriffen von Referenz, Bezeichnung oder Gewissheit erklärt. Das Prädikat „Wahrheit" ist syntaktisch definiert.

Auf ähnliche Weise sind bestimmte Ansichten über Wahrheit in der Arithmetik, in denen die Peano-Axome als „analytische" Sätze über den Begriff der Zahlen ausgegeben werden, auch „kombinatorisch" in meinem Sinn. Und ebenso sind dies konventionalistische Ansätze, da das, was sie als konventionalistisch kennzeichnet, der Gegensatz zwischen ihnen und der „realistischen" Erklärung ist. Sie analysieren (2), indem sie es (1) via (3) annähern.

Schließlich ist eine Sichtweise, um eine weitere Unterscheidung zu machen, nicht automatisch „kombinatorisch", wenn sie mathematische Sätze als kombinatorische ansieht, entweder selbstbezüglich oder anders. Denn eine solche Sichtweise könnte mathematische Sätze in einer „Standard"-Art in Termen von den Namen und Quantoren analysieren, die sie enthalten, und in Begriffen von den Eigenschaften, die sie den Objekten innerhalb ihres Definitionsbereiches zuschreibt - was bedeutet, dass das zugrunde liegende *Wahrheits*konzept im wesentlichen das von Tarski ist. Der Unterschied ist, dass sich der Weg ihrer Fürsprecher, obwohl sie Realisten in ihrer Analyse der mathematischen Sprache sind, von dem der Platonisten trennt beim Aufbau des mathematischen Universums als eines, das ausschließlich aus mathematisch unorthodoxen Objekten besteht: Mathematik ist für sie begrenzt auf Metamathematik und diese auf Syntax.

Ich will meine Einschätzung der relativen Verdienste dieser verschiedenen Annäherungen an die Wahrheit von solchen Sätzen wie in (2) verschieben auf spätere Abschnitte. An dieser Stelle will ich nur die Unterscheidung einführen zwischen solchen Ansichten einerseits, die mathematischen Aussagen die offensichtliche Syntax (und die offensichtliche Semantik) zuschreiben, und andererseits solchen, die, die offensichtliche Syntax und Semantik ignorierend, versuchen, Wahrheitsbedingungen (oder die tatsächliche Verteilung von Wahrheitswerten anzugeben und zu erklären) auf der Basis von offensichtlich nichtsemantisch syntaktischen Betrachtungen aufzustellen. Zum Schluss will ich zeigen, dass jeder Ansatz seine Verdienste und seine Mängel hat: jeder widmet sich einer wichtigen Komponente einer kohärenten philosophischen Gesamtdarstellung von Wahrheit und Wissen.

Aber was sind diese Komponenten und wie beziehen sie sich aufeinander?

II. Zwei Bedingungen

A. Der erste Bestandteil einer solchen Gesamtdarstellung betrifft unmittelbar den Wahrheitsbegriff. Vorläufig können wir ihn als die Forderung nach einer allgemeinen Wahrheitstheorie bezeichnen, die, angewandt auf die Mathematik, auch mathematische *Wahrheit* zuverlässig erklärt. Diese Theorie sollte Wahrheitsbedingungen für mathematische Sätze beinhalten, die überzeugende Bedingungen für ihre Wahrheit sind (und nicht *einfach*, sagen wir, ihrer Ableitbarkeit als Theorem in einem formalen System). Damit soll nicht *geleugnet* werden, dass die Tatsache, ein Theorem in einem System zu sein, eine Wahrheitsbedingung für einen gegebenen Satz oder eine Klasse von Sätzen sein kann. Man muss vielmehr fordern, dass jede Theorie, die die Eigenschaft, ein Theorem zu sein, als Wahrheitsbedingung anbietet, auch *den Zusammenhang zwischen Wahrheit und dieser Eigenschaft erklärt.*

Diese erste Forderung kann auch so formuliert werden, dass jede Theorie mathematischer Wahrheit zusammen passen soll mit einer allgemeinen Wahrheitstheorie - einer Theorie von Wahrheitstheorien, wenn man so will -, die gewährleistet, dass die Eigenschaft von Sätzen, die die Theorie als „Wahrheit" bezeichnet, auch tatsächlich Wahrheit ist. Dies kann m. E. nur auf der Grundlage einer allgemeinen Theorie zumindest für die Sprache als Ganzes erreicht werden (Ich nehme an, dass wir Paradoxien dabei in einer geeigneten Weise umgehen). Vielleicht läuft die Erfüllbarkeit dieser Forderung im vorliegenden Fall nur auf den Appell hinaus, den semantischen Apparat der Mathematik als Teil des Apparats der natürlichen Sprache zu sehen, in der sie gegeben ist, und dass, welchen *semantischen* Ansatz wir auch immer für Namen oder allgemein für einzelne Begriffe, Prädikate und Quantoren in der Muttersprache wählen, die Teile der Muttersprache eingeschlossen sein müssen, die wir als Sprache der Mathematik bezeichnen.

Wir sollten meiner Meinung nach, wenn wir dieser Forderung entsprechen wollen, nicht zufrieden sein mit einer Theorie, die (1) und (2) nicht auf entsprechende Weise, nach dem Schema von (3), behandelt. Dabei können natürlich *Unterschiede* zwischen (1) und (2) auftreten, aber ich erwarte, dass diese sich erst bei der Analyse der Referenz singulärer Terme und Prädikate zeigen werden. M. E. haben wir nur eine solche allgemeine Wahrheitstheorie: die semantische Wahrheitstheorie von Tarski, deren Kern die Definition von Wahrheit in Begriffen der Referenz (oder Erfüllung) auf der Grundlage einer besonderen Art von syntaktisch-semantischer Sprachanalyse ist. Ich glaube also, dass jede vermeintliche Analyse mathematischer Wahrheit eine Analyse eines Konzepts ist, das zumindest im Sinne von Tarski ein Wahrheitskonzept ist. Ich glaube, dass diese Forderung, wenn sie geeignet ausgearbeitet wird, mit allen Theorien unvereinbar ist, die ich als „kombinatorisch" bezeichnet habe. Auf der anderen Seite erfüllt die Theorie, die den obigen Satz (2) genauso behandelt wie (1) und (3), offensichtlich diese Bedingung, wie es auch mehrere Varianten von ihr tun.

B. Meine zweite Bedingung für eine Gesamtdarstellung setzt voraus, dass wir mathematisches Wissen haben und dass dieses Wissen dadurch, dass es mathematisches ist, nicht weniger als allgemeines Wissen wert ist. Da unser Wissen das Wissen von Wahrheiten ist oder so aufgefasst werden kann, muss eine Theorie der mathematischen Wahrheit, um akzeptabel zu sein, vereinbar sein mit der Möglichkeit, mathematisches Wissen zu haben: Die Wahrheitsbedingungen von mathematischen Sätzen dürfen es uns nicht unmöglich machen zu wissen, dass sie erfüllt sind. Damit soll nicht behauptet werden, dass es keine unerkennbaren Wahrheiten geben kann - nur dass nicht alle Wahrheiten unerkennbar sein können, denn wir kennen einige. Die Mindestforderung ist dann, dass eine befriedigende Theorie mathematischer Wahrheit ermöglichen muss, dass einige dieser Wahrheiten erkennbar sind. Um es stärker auszudrücken: Der so erklärte Begriff der mathematischen Wahrheit muss zu einer allgemeinen Theorie des Wissens passen, und zwar so, dass es verständlich wird, wie wir zu dem mathematischen Wissen gekommen sind, das wir haben. Eine akzeptable Semantik für die Mathematik muss mit einer akzeptablen Erkenntnistheorie zusammenpassen. Zum Beispiel: Wenn ich weiß, dass Cleveland zwischen New York und Chicago liegt, liegt das daran, dass es eine bestimmte Beziehung zwischen den Wahrheitsbedingungen für diesen Satz und meinem gegenwärtigen „subjektiven" Überzeugtsein gibt (was auch immer unsere Theorien für Wahrheit und Wissen sein mögen, sie müssen sich miteinander auf diese Weise verbinden). Auf ähnliche Weise muss es in der Mathematik möglich sein, die Wahrheit von p mit meiner Überzeugung zu verbinden, dass p wahr ist. Obwohl das äußerst vage ist, denke ich, dass man sehen kann, wie die zweite Bedingung dazu führt, Theorien auszuschließen, die die erste Bedingung erfüllen, und viele zuzulassen, die das nicht tun. Denn eine typische „Standard"-Theorie (zumindest im Fall der Zahlentheorie oder Mengenlehre) wird Wahrheitsbedingungen in Form von Bedingungen für Objekte angeben, deren Wesensart dem Zugriff der besser verstandenen Möglichkeiten der menschlichen Erkenntnis entzogen sind (z. B. Sinneswahrnehmung u.ä.). Die „kombinatorischen" Ansätze andererseits entstehen gewöhnlich aus einer Sensibilität für genau diese Tatsache und sind deshalb immer begründet durch erkenntnistheoretische Interessen. Ihr Vorzug liegt darin, dass sie eine Erklärung mathematischer Sätze liefern, die auf unserem üblichen Vorgehen aufbaut, wenn wir die Wahrheitsbehauptungen in der Mathematik rechtfertigen: nämlich auf dem Beweis. Es ist nicht überraschend, dass es *auf Grund* dieser Erklärungen der mathematischen Wahrheit wenig geheimnisvoll ist, wie wir mathematisches Wissen haben können. Wir brauchen nur eine Theorie für unsere Fähigkeit, formale Beweise herzustellen und zu überprüfen[6]. Allerdings gibt es, wenn wir den Ballon an dieser Stelle drücken, eine Beule auf der Seite der Wahrheit: je hübscher wir das Beweiskonzept begründen, je mehr wir die Definition des Beweises mit kombinatorischen (mehr als mit semantischen) Merkmalen verbinden, desto schwieriger ist es, es mit der Wahrheit dessen zu verbinden, was auf diese Weise „bewiesen" wurde - oder es würde zumindest so erscheinen.

Dies sind also die beiden Forderungen. Getrennt scheinen sie harmlos genug. Im Gleichgewicht dieses Textes will ich sie sowohl weiter verteidigen als auch das Argument herausarbeiten, dass sie beide gemeinsam fast jede Theorie einer mathematischen Wahrheit ausschließen, die beabsichtigt wurde. Ich werde ferner die beiden erwähnten grundlegenden Theorien der mathematischen Wahrheit betrachten, indem ich ihre relativen Vorzüge im Hinblick auf die beiden grundlegenden Prinzipien abwäge, mit denen ich mich auseinandersetze. Ich hoffe, dass die Prinzipen selbst durch mein Vorgehen Erhellung und Unterstützung erhalten.

III. Die Standard-Sicht

Ich nenne den „platonistischen" Ansatz, der (2) nach dem Schema von (3) analysiert, die „Standard-Sicht." Sie hat viele Vorzüge und ist es wert, genauer ausgeführt zu werden, bevor wir zur Betrachtung ihrer Mängel kommen.

Ich habe schon darauf hingewiesen, dass dieser Ansatz die logische Form mathematischer Sätze der von scheinbar ähnlichen empirischen Sätzen gleichsetzt: empirische und mathematische Sätze enthalten gleichermaßen Prädikate, singuläre Terme, Quantoren usw.

Aber was ist mit den Sätzen, die nicht aus Namen, Prädikaten und Quantoren zusammengesetzt sind (oder nicht als zusammengesetzt analysiert werden können)? Genauer: was ist mit Sätzen, die nicht zu den Sprachen gehören, für die Tarski gezeigt hat, wie Wahrheit zu definieren ist? Ich würde sagen, dass wir für solche Sprachen (wenn es überhaupt welche gibt) eine Theorie der Wahrheit in der Art brauchen, die Tarski für „referentielle" Sprachen lieferte. Ich nehme an, dass die

---

[6]Wirklich durchgeführt ist das natürlich eine ungeheuere Arbeit. Nichtsdestoweniger gibt dies auf der einen Seite Erklärungen für die Last, die aus der Semantik des Systems und durch unser Verständnis von ihr entsteht, und konzentriert sich dafür auf unsere Fähigkeit zu bestimmen, dass gewisse formale Objekte gewisse syntaktisch definierte Eigenschaften haben.

Wahrheitsbedigungen der Sprache (z. B. Englisch), zu der die Sprache der Mathematik zu gehören scheint, weitgehend in der Richtung ausgearbeitet werden muss, die Tarski andeutete. Die Frage, die im vorangehenden Abschnitt gestellt wurde - Wie müssen die Wahrheitsbedingungen für (2) erklärt werden? - kann dann gewissermaßen als die Frage interpretiert werden: Soll der Teil des Englischen, in dem Mathematik erfolgt, genauso analysiert werden, wie ich es für den größten Teil des Rests der englischen Sprache für geeignet halte? Wenn es so ist, sind die Bedenken sicher begründet, die ich im nächsten Abschnitt skizzieren werde, der sich damit befasst, wie mathematisches Wissen in eine allgemeine Epistemologie eingefügt werden kann - obwohl diese Bedenken vielleicht durch eine geeignete Modifikation der Theorie beruhigt werden können. Wenn, auf der anderen Seite, die Sprache der Mathematik nicht im referentiellen Sinn analysiert wird, dann brauchen wir natürlich nicht nur eine Theorie der Wahrheit (d.h. eine Semantik) für diese neue Art von Sprache, sondern auch eine neue *Theorie von Wahrheitstheorien*, die Wahrheit für referentielle (Quantoren-) Sprachen in Beziehung setzt zur Wahrheit für diese neuen (neu analysierten) Sprachen. Ist eine solche Theorie vorhanden, würde die Aufgabe einer Erklärung des mathematischen Wissens noch bleiben; aber es wäre vermutlich eine leichtere Aufgabe, da das neue semantische Bild der Mathematik in den meisten Fällen durch epistemologische Betrachtungen veranlasst worden wäre. Ich werde jedenfalls diese Alternative in dieser Arbeit nicht in ernsthafte Betrachtung ziehen, weil ich nicht denke, dass irgendjemand sie jemals tatsächlich gewählt hat. Denn sie zu wählen heißt genauer, die übliche Interpretation der mathematischen Sprache zu betrachten *und zu verwerfen*, trotz ihrer oberflächlichen und anfänglichen Plausibilität, und dann eine alternative Semantik als Ersatz bereitzustellen[7]. Die „kombinatorischen" Theoretiker, die zu untersuchen oder auf die ich mich zu beziehen habe, wollten gewöhnlich einen Kuchen haben und ihn auch zugleich essen: sie haben nicht erkannt, dass die Wahrheitsbedingungen, die ihre Theorie für die mathematische Sprache liefert, nicht verbunden waren mit einer referentiellen Semantik, von der sie annehmen, dass sie *auch* für diese Sprache geeignet ist. Vielleicht ist Hilbert der Kandidat, der am ehesten eine Ausnahme ist in der Betrachtungsweise, die ich kurz am Anfang dieses Textes skizzierte. Aber das hier weiter zu verfolgen, würde uns zu weit weg führen. Lassen Sie uns deshalb zurückkehren zu unserem Lob der „Standard-Sicht".

---

[7]Ich denke manchmal, dass das eine der Absichten ist, die Hilary Putnam in seinem anregenden Artiel "Mathematics without foundations", 1967a [wieder abgedruckt in: Benacerraf 1983, S.295-311] verfolgte.

Einer ihrer wesentlichen Vorteile ist, dass die so konstruierten Wahrheitsbedingungen für einzelne mathematische Theorien die gleichen Rekursionsbedingungen haben wie die für ihre weniger hochfliegenden empirischen Cousins. Oder um es auf andere Art auszudrücken, sie können alle als Teil derselben Sprache genommen werden, für die wir eine einzige Theorie für Quantoren haben, unabhängig von der betrachteten Teildisziplin. Mathematische und empirische Disziplinen werden im Hinblick auf ihre logische Grammatik nicht unterschieden. Ich habe schon die Bedeutung dieses Vorteils unterstrichen: es bedeutet, dass die logisch-grammatische Theorie, die wir in weniger dunklen und leichter handhabbaren Bereichen anwenden, uns hier sehr hilfreich ist. Wir können mit einer einheitlichen Theorie arbeiten und brauchen für die Mathematik keine neue zu erfinden. Das sollte für beinahe jede grammatische Theorie wahr sein, die mit einer zur Erklärung von Wahrheit geeigneten Semantik verbunden ist. Meine Neigung zu dem, was ich eine Tarskische Theorie nenne, kommt einfach daher, dass er uns die einzige, brauchbare, systematische, allgemeine Theorie, die wir von der Wahrheit haben, gegeben hat. So ist es eine Konsequenz der Ökonomie, die die Standardsicht begleitet, dass logische Relationen einer einheitlichen Behandlung unterliegen: sie sind invariant gegenüber dem Gegenstand. Sie helfen sogar, den Begriff eines „Gegenstandes" zu definieren. Dieselben Ableitungsregeln können benutzt und ihr Gebrauch gerechtfertigt werden durch dieselbe Theorie, die uns mit unserem gewöhnlichen Ansatz von Ableitung versorgt und auf diese Weise einen doppelten Standard vermeidet. Wenn wir die Standardsicht zurückweisen, braucht die mathematische Ableitung eine neue und besondere Erklärung. Wie es ist, sind die gewöhnlichen Verwendungen von Ableitungen mit Quantoren gerechtfertigt durch eine Art Gültigkeitsbeweis. Die Formalisierung von Theorien in einer Logik erster Ordnung fordert zu *ihrer* Rechtfertigung die Gewissheit (bereitgestellt durch das Vollständigkeitstheorem), dass alle logischen Konsequenzen aus den Postulaten als Theoreme abgeleitet werden können. Die Standard-Erklärung gibt diese Garantien. Die offensichtlichen Antworten scheinen zu funktionieren. Die Standardsicht zurückzuweisen bedeutet, diese Antworten zu verwerfen. Neue müssten gefunden werden.

So viel über die offensichtlichen Stärken dieser Ansicht. Was sind ihre Mängel?

Wie ich oben angedeutet habe, ist der Hauptmangel der Standardsicht, dass sie die Forderung zu verletzen scheint, dass unsere Theorie der mathematischen Wahrheit in unsere allgemeine Theorie über Wissen integrierbar sein muss. Ganz offensichtlich wäre es, um eine überzeugende Theorie zu diesem Zweck auszuarbeiten, notwendig, die Epistemologie zu skizzieren, von der ich annehme, dass sie zumindest im Groben korrekt ist und auf deren Basis mathematische Wahrheit, standardmäßig konstruiert, das Wissen nicht zu begründen scheint. Dies würde einen längeren Umweg durch die allgemeinen Probleme der Epistemologie erfordern. Ich will das für eine andere Zeit aufheben und mich hier darauf beschränken, eine kurze Zusammenfassung der Hauptzüge dieser Sicht vorzustellen, die unmittelbar mit unserem Problem zu tun haben.

IV. Wissen

Ich bevorzuge eine kausale Theorie des Wissens, derzufolge, damit ein X weiß, dass S, eine kausale Beziehung zwischen X und den Referenten der Namen, Prädikate und Quantoren von S vorhanden sein muss. Da ich darüber hinaus an eine kausale Theorie der *Referenz* glaube, wird die Verbindung zu meiner wissenden Aussage, dass S, eine *zweifach* kausale. Ich hoffe, dass das folgende den Nebel vertreiben wird, der diese Formulierung umgibt.

Für Hermione bedeutet es, oder sollte es zumindest bedeuten, in einem bestimmten (vielleicht psychologischen) Zustand zu sein, wenn sie weiß, dass der schwarze Gegenstand, den sie hält, eine Trüffel ist[8]. Es erfordert auch die Kooperation des Rests der Welt, zumindest in dem Umfang, der es dem Gegenstand, den sie hält, erlaubt, eine Trüffel zu sein. Darüberhinaus muss im Normalfall - und das ist der Aspekt, den ich nachdrücklich betone - die Tatsache, dass der schwarze Gegenstand, den sie hält, eine Trüffel ist, in einer geeigneten Weise in eine kausale Erklärung ihres Glaubens eingehen, dass der schwarze Gegenstand, den sie hält, eine Trüffel ist. Aber was ist eine „geeignete Weise"? Ich will nicht versuchen es zu sagen. Zahlreiche Autoren haben Theorien veröf-

---

[8]Wenn möglich würde ich es bevorzugen, jeden Standpunkt zu der Fülle von Problemen in der philosophy of mind oder Psychologie zu vermeiden, die die Natur von psychologischen Zuständen betrifft. Jede Sicht, nach der Hermione erfahren kann, dass die Katze auf der Matte liegt, indem sie eine richtige Katze auf einer richtigen Matte ansieht, wird es für meine Zwecke tun. Wenn sie eine Katze auf einer Matte sieht und Hermione dadurch in einen Zustand gelangt und man diesen Zustand einen physikalischen oder psychologischen oder sogar physiologischen nennen will, so will ich dagegen nichts einwenden, solange es klar ist, dass ein solcher Zustand, wenn es ihr Zustand des Wissens ist, in einer geeigneten Weise kausal damit verbunden wird, dass die Katze sich auf der Matte befand, als sie hinsah. Wenn es keinen solchen Zustand gibt, dann um so schlimmer für meine Theorie.

fentlicht, die in diese Richtung⁹ zu weisen scheinen, und, trotz aller Unterschiede zwischen ihnen, scheint es eine innerste Intuition zu geben, die sie teilen und die ich für korrekt halte, obwohl sie sehr schwer zu fassen ist.

Dass eine solche Ansicht korrekt sein muss und unserem Begriff von Wissen zugrundeliegt, ist durch das begründet, was wir unter den folgenden Umständen sagen würden. Es wird behauptet, dass X weiß, dass p. Wir bezweifeln das aber. Welche Gründe können wir zur Unterstützung unserer Sicht anbieten? Wenn wir damit zufrieden sind, dass X normale Schlussfähigkeiten hat, dass p in der Tat wahr ist usw., sind wir oft auf das Argument zurückgeworfen, dass X nicht in den Besitz von relevanten Evidenzen oder Gründen kommen konnte: dass der vierdimensionale Raum-Zeit-Wurm von X keinen notwendigen (kausalen) Kontakt mit den Gründen für die Wahrheit des Satzes für X herstellt, um im Besitz von Evidenzen zu sein, die geeignet sind, den Schluss (wenn ein Schluss wichtig wäre) zu unterstützen. Der Satz p setzt Einschränkungen darüber, wie die Welt sein kann. Unser Wissen über die Welt, verbunden mit unserem Verständnis der Einschränkungen, die durch p gesetzt werden und die durch die Wahrheitsbedingungen von p gegeben sind, wird uns oft sagen, dass ein gegebenes Individuum nicht in den Besitz einer ausreichenden Evidenz gekommen sein kann, um p zu wissen, und wir werden deshalb diesen Anspruch an das Wissen zurückweisen.

Als eine Erklärung des Wissens über Gegenstände mittlerer Größe ist das im Augenblick die richtige Richtung. Es wird kausal eine direkte Beziehung zu den bekannten Tatsachen einschließen und dadurch einen Verweis auf die Gegenstände selbst beinhalten. Darüberhinaus stellt ein solches Wissen (über Häuser, Bäume, Trüffel, Hunde und Brotkästen) den klarsten Fall und auch den am leichtesten zu behandelnden dar.

Andere Fälle von Wissen können so erklärt werden, dass sie auf Ableitungen beruhen, die ihrerseits auf Fällen wie diesen beruhen, obwohl offensichtlich Abhängigkeiten (in die andere Richtung) vorhanden sein müssen. Das ist mit der Einbeziehung unseres Wissens von allgemeinen Gesetzen und Theorien gemeint, und dadurch unseres Wissens über die Zukunft und den größten Teil der Vergangenheit. Diese Theorie folgt eng den Linien, die von Empirikern vorgeschlagen wurden, aber mit der entscheidenden Änderung, die durch die ausdrücklich kausale Bedingung eingeführt wird, die oben erwähnt wurde - sie wird aber oft aus modernen Betrachtungsweisen herausgelassen; zum großen Teil wegen

---

[9]Um etwas zu zitieren: Harmann 1973; Goldman 1967: 357-72; Skyrms 1967: 373-89

der Versuche, eine sorgfältige Unterscheidung zwischen „Entdeckung" und „Rechtfertigung" zu machen.

Kurz: In Verbindung mit unserem Wissen benutzen wir p, um den Bereich einer möglichen Evidenz zu begrenzen. Wir benutzen, was wir über X (den vermeintlich Wissenden) wissen, um herauszufinden, inwieweit eine geeignete Art von Interaktion stattgefunden haben könnte, ob die Annahme von X, dass p, in geeigneter Weise kausal verbunden ist mit dem, was der Fall ist, wenn p wahr ist - inwieweit seine Evidenz aus dem Bereich kommt, der durch p festgelegt wird. Wenn nicht, dann könnte X nicht wissen, dass die Verbindung zwischen dem, was zutreffen muss, wenn p wahr ist, und den Ursachen für den Glauben von X stark variieren kann. Aber es gibt immer *irgendeine* Verbindung, und die Verbindung bezieht die Gründe für den Glauben von X auf den Gegenstand von p.

Es muss möglich sein, eine geeignete Art von Beziehung herzustellen zwischen den Wahrheitsbedingungen von p (wie sie gegeben sind durch eine geeignete Wahrheitsdefinition für die Sprache, in der p ausgedrückt ist) und den Gründen, auf Grund derer p als gewusst gilt, zumindest für Sätze, die man *in Erfahrung bringen kann* - die nicht angeboren sind. Fehlt eine solche, wurde keine Verbindung hergestellt zwischen dem *Besitz dieser Gründe* und dem *Glauben an einen Satz, der wahr ist*. Diese Gründe zu haben kann nicht in eine Erklärung eingefügt werden, warum man p weiß. Das Bindeglied zwischen p und der Rechtfertigung des Glaubens an *p aus diesen Gründen heraus* kann nicht hergestellt werden. Aber für dieses Wissen, das in geeigneter Weise angesehen wird als eine Form gerechtfertigten Wahrheitsglaubens, *muss* die Verbindung hergestellt werden. (Natürlich braucht nicht *jedes* Wissen ein gerechtfertigter Wahrheitsglaube zu sein, damit dieser Gesichtspunkt begründet ist.)

Es wird keine Überraschung sein, dass das eine Präambel war, um deutlich zu machen, dass eine Verbindung *dieser* Sicht von Wissen mit der Standardsicht mathematischer Wahrheit es schwierig macht zu sehen, wie mathematisches Wissen möglich ist. Wenn Zahlen zum Beispiel als die übliche Art Entitäten angesehen werden, dann kann die Beziehung zwischen den Wahrheitsbedingungen für die Sätze der Zahlentheorie und irgendwelchen relevanten Ereignissen, die mit den Leuten verbunden sind, von denen man annimmt, dass sie mathematisches Wissen haben, nicht hergestellt werden[10]. Es wird unmöglich sein zu rechtfertigen, wie jemand irgendwelche wirklich zahlentheoretische Sät-

---

[10] Als Ausdruck eines gesunden Skeptizismus im Hinblick hierauf und damit zusammenhängende Punkte, siehe Steiner 1973: 57-66

ze weiß. Diese zweite Bedingung für eine Theorie der mathematischen Wahrheit wird nicht erfüllt sein, weil wir keine Theorie darüber haben, wie wir wissen, dass die Wahrheitsbedingungen für mathematische Sätze erfüllt sind. Eine einleuchtende Antwort - dass einige dieser Sätze genau dann wahr sind, wenn sie aus gewissen Axiomen nach gewissen Regeln abgeleitet werden - hilft hier nicht. Denn natürlich können wir uns vergewissern, dass *diese* Bedingungen erfüllt sind. Aber in einem solchen Fall fehlt uns eine Beziehung zwischen Wahrheit und Beweis, wenn Wahrheit direkt auf Standard-Weise definiert wird. Kurz: obwohl es eine Wahrheitsbedingung für gewisse zahlentheoretische Sätze sein mag, dass sie aus bestimmten Axiomen nach bestimmten Regeln ableitbar sind, muss die Aussage, dass *dies* eine Wahrheitsbedingung ist, auch aus der Wahrheitstheorie folgen, wenn die obige Bedingung helfen soll, Wahrheit und Wissen zu verbinden, d.h. wenn wir mathematische Wahrheiten durch ihre Beweise wissen.

Natürlich können Syntax und Semantik der *Arithmetik* oberflächlich so festgesetzt werden, dass sie unsere Bedingungen erfüllen, wenn eine mengentheoretische Darstellung der Arithmetik gegeben ist. Dies lädt offensichtlich zu einem Regress ein: Dieselben Fragen müssen in Bezug auf die Mengentheorie gestellt werden, in deren Begriffen die Antworten ausgedrückt sind.

V. Zwei Beispiele

Es gibt viele Betrachtungsweisen mathematischer Wahrheit und mathematischen Wissens. Die Thesen, die ich vertreten habe, sollen auf alle angewendet zu werden. Ich will nicht versuchen, irgendwie umfassend zu sein, sondern diese letzten wenigen Seiten der Untersuchung zweier repräsentativer Fälle widmen: einer „Standard"-Sicht und einer „kombinatorischen" Sicht. Zuerst die Standard-Sicht, wie sie von einem ihrer ausgeprägtesten und klarsten Vertreter, Kurt Gödel, vertreten wird.

Gödel ist sich vollständig im klaren, dass in einer realistischen (d.h. Standard-) Theorie der mathematischen Wahrheit unsere Erklärung dessen, wie wir die Grundpostulate wissen, geeignet damit verbunden werden muss, wie wir den referentiellen Apparat der Theorie interpretieren. Also entwirft er das folgende Bild, indem er diskutiert, wie wir das Kontinuumproblem lösen können, nachdem gezeigt worden ist, dass dieses Problem auf der Grundlage der akzeptierten Axiome unentscheidbar ist:

„... die Objekte der transfiniten Mengentheorie ... gehören sicherlich nicht zur physischen Welt und sogar ihre indirekte Verbindung mit physikalischer Erfahrung ist sehr lose ...

Trotz ihrer Entfernung von unserer sinnlichen Erfahrung nehmen wir auch die Objekte der Mengentheorie wahr; das zeigt sich daran, dass sich die Axiome als Wahrheiten aufdrängen. Ich sehe nicht, warum wir dieser Art der Wahrnehmung, d.h. der mathematischen Intuition, weniger vertrauen sollten als der Sinneswahrnehmung, die uns dazu bringt, physikalische Theorien aufzustellen und zu erwarten, dass zukünftige Sinneserfahrungen mit ihnen übereinstimmen werden und, darüberhinaus, zu glauben, dass eine jetzt nicht entscheidbare Frage trotzdem eine Bedeutung hat und in Zukunft entschieden werden kann." [Gödel 1964; s. Benacerraf 1983, S.483 f.]

Ich finde dieses Bild sowohl ermutigend als auch beunruhigend. Was mich beunruhigt, ist, dass ohne eine Erklärung dessen, *wie* „die Axiome sich als Wahrheiten aufdrängen", die Analogie mit sinnlicher Wahrnehmung und Physik ohne großen Inhalt ist. Denn was fehlt, ist *genau* das, was mein zweites Prinzip fordert: eine Erklärung des Bindegliedes zwischen unseren kognitiven Fähigkeiten und den Wissens-Gegenständen. In der Physik haben wir zumindest den Anfang einer solchen Erklärung, und sie ist kausal. Wir akzeptieren als Wissen nur solche Annahmen, die wir angemessen mit unseren kognitiven Fähigkeiten verbinden können. Unsere Konzeption des Wissens geht zufriedenstellend Hand in Hand mit unserer Konzeption von uns als Wissenden. Natürlich gibt es eine oberflächliche Analogie. Denn, wie Gödel herausstellt, „verifizieren" wir Axiome, indem wir Konsequenzen aus ihnen ableiten, die Gebiete betreffen, in denen wir eher direkte „Wahrnehmung" (deutlichere Intuitionen) zu haben scheinen. Aber uns wird niemals gesagt, wie wir selbst diese deutlicheren Sätze wissen. Zum Beispiel sind die „verifizierbaren" Konsequenzen der Axiome von höherer Unendlichkeit (sonst unentscheidbar) zahlentheoretische Sätze, die selbst „verifizierbar" sind durch Nachrechnen bis zu einer beliebigen gegebenen ganzen Zahl. Aber die Geschichte muss uns sagen, um überall hilfreich zu sein, wie wir Rechengesetze der Arithmetik wissen - *wenn sie das bedeuten, was die Standard-Sicht ihnen als Bedeutung geben würde*. Und *das* wird uns nicht erzählt. So ist die Analogie bestenfalls oberflächlich.

So viel über die störenden Aspekte. Wichtiger vielleicht und was ermutigender ist, ist die offensichtliche, grundsätzliche Übereinstimmung, die Gödels Versuch motiviert, eine Parallele zwischen der Mathematik und empirischer Wissenschaft zu ziehen. Er sieht, denke ich, dass etwas gesagt werden muss, das die Kluft überbrückt, die von der realistischen und platonistischen Interpretation der mathematischen Sätze zwischen den Entitäten geschaffen wird, die den Gegenstand der Mathematik ausmachen, und den menschlichen Wissenden. Anstatt mit der logischen Form mathematischer Propositionen oder mit der Natur der gewussten Objekte herumzuexperimentieren, postuliert er eine besondere Fähigkeit, mit deren Hilfe wir mit diesen Gegenständen „interagieren". Wir scheinen in der Analyse des Grundproblems übereinzustimmen, aber sind sicher verschiedener Ansicht über das epistemologische Problem - darüber, welche Wege uns offen stehen, Dinge zu wissen.

Wenn unser Erklärung empirischen Wissens akzeptabel ist, muss es zum Teil daran liegen, dass sie versucht, den Zusammenhang im Fall theoretischen Wissens evident zu machen, wo es nicht *von vornehrein* klar ist, wie die kausale Erklärung ausgefüllt werden kann. Also bleibt, wenn wir zur Mathematik kommen, das Fehlen einer zusammenhängenden Erklärung dessen, wie unsere mathematische Intuition mit der Wahrheit von mathematischen Sätzen verknüpft ist, für eine allgemeine Theorie unbefriedigend.

Um eine spekulative historische Bemerkung einzufügen, die sich auch in den Texten begründen lässt: Es muss nicht unvernünftig sein anzunehmen, dass Platon zumindest teilweise Zuflucht genommen hat zu seinem Konzept der *Anamnese*, um wenigstens zum Teil zu erklären, wie jemand etwas über die Natur der Formen wissen kann, wenn sie auf die Art gegeben ist, wie er sie schildert[11].

Die „kombinatorische" Sicht der mathematischen Wahrheit hat epistemologische Wurzeln. Sie beginnt mit dem Satz, dass, was immer die „Gegenstände" der Mathematik sein mögen, unser Wissen durch Beweise erhalten wird. Beweise sind oder können (für einige müssen sie) niedergeschrieben oder gesprochen sein; Mathematiker können sie überprüfen und zu einer Übereinstimmung kommen, dass es Beweise *sind*. Durch diese Beweise vor allem wird mathematisches Wissen erhalten und übermittelt. Kurz: dieser Aspekt mathematischen Wissens - seine (im Wesentlichen linguistischen) Mittel zur Produktion und Übermittlung geben ihren Anstoß zu der Gruppe von Sichtweisen, die ich „kombinatorisch" nenne.

Indem sie die Rolle der Beweise bei der Herstellung von Wissen herausstellen, suchen sie die Gründe für die Wahrheit in den Beweisen selbst. Kombinatorische Betrachtungsweisen erhalten einen zusätzlichen Anstoß durch die Einsicht, dass der Platonist ein mysteriöses Geschehen daraus macht, wie Wissen überhaupt gewonnen werden kann. Fügen Sie diese Einsicht zu dem Glauben dazu, dass Mathematik eine Erfindung ist (mathematische Entdeckung ist für diese Sichtweisen selten

---

[11] "Weil nun die Seele unsterblich ist und oftmals wiedergeboren und, ob es hier ist und in der Unterwelt, alles erblickt hat, hat sie Kenntnis von dem allen..." Platon, Menon, 81

Entdeckung einer unabhängigen Realität), dann ist es nicht überraschend, dass jemand nach begrifflichen Handlungen sucht, die diesen Geburtsakt erklären. Viele Theorien über mathematische Wahrheit fallen unter diese Rubrik. Vielleicht beinahe alle. Ich habe ein paar nebenbei erwähnt, und ich diskutierte Hilberts Ansicht in „Über Unendlichkeit" relativ kurz. Das letzte Beispiel, das ich betrachten will, ist das der konventionalistischen Betrachtungsweise - das Bündel von Ansichten, dass die Wahrheiten von Logik und Mathematik dank ausdrücklicher Konventionen wahr sind (oder wahr gemacht werden können), aufgrund von ausdrücklichen Konventionen, wobei die in Frage stehenden Konventionen gewöhnlich die Postulate der Theorie sind. Einmal mehr werde ich ihnen allen wahrscheinlich Unrecht tun, indem ich eine Anzahl von Theorien zusammenwerfe, die ihre Befürworter sicher auseinander halten wollen.

Quine, in seinem klassischen Text zu diesem Thema (1964, wieder abgedruckt in Benacerraf 1983, S.329-354), hat sich deutlich, überzeugend und entschlossen mit der Ansicht befasst, dass die Wahrheiten der Logik angesehen werden können als Produkte der Konvention - viel besser, als ich hoffen kann, das hier zu tun. Er weist darauf hin, dass die Charakterisierung der annehmbaren Sätze als Wahrheiten eher en gros als en detail erfolgen muss, da wir unendlich viele Wahrheiten erklären müssen. Die En-gros-Charakterisierung kann aber nur über allgemeine Prinzipien erfolgen - und wir können, wenn wir annehmen, dass wir überhaupt keine Logik verstehen, die individuellen Instanzen aus den allgemeinen Prinzipien nicht herausziehen: wir bräuchten die Logik für eine solche Aufgabe.

Mag das auch überzeugend scheinen, so möchte ich doch ein weiteres Argument hinzufügen - nicht weil ich denke, dass dieses tote Pferd (des Konventionalismus) weitere Prügel braucht, sondern weil Quines Argument auf den Fall der Logik begrenzt ist und weil die Hauptpunkte, die ich herausarbeiten möchte, nicht ausreichend daraus hervorgehen. In der Tat gesteht Quine dem Konventionalisten einige Prinzipien zu. Ich möchte dem widersprechen. Indem er sein Argument gegen den Konventionalismus darauf aufbaut, dass der Konventionalismus eine engros-Charakterisierung für unendlich viele Wahrheiten nötig hat, räumt Quine ein, dass der Konventionalist, wenn nur mit endlich vielen Wahrheiten gerechnet werden müsste, eine Chance hätte, seinen Standpunkt auszuarbeiten. Er sagt:

„Wenn Wahrheitszuweisungen nacheinander erfolgten, nicht eine unendliche Anzahl auf einmal, würde die erwähnte Schwierigkeit verschwinden; Wahrheiten der Logik ... würden einfach einzeln per fiat behauptet werden, und das Problem, sie von allgemeineren Konventionen abzuleiten, würde nicht auftreten." [s. Benacerraf 1983, S.353]

Wenn also ein Weg gefunden werden könnte, dass die Sätze der Logik ihre Wahrheitswerte offen zur Schau tragen, würden dann die Einwände gegenüber der konventionalistischen Betrachtungsweise der Wahrheit verschwinden - wir würden ja die Wahrheitswerte für alle Sätze bestimmt haben, das ist doch alles, was man verlangen kann?

Ich wundere mich jedoch, was ein solch inflationärer Gebrauch des Wortes „wahr" vollbringen würde. Sicherlich kann es nicht ausreichen, einen Begriff von Wahrheit dadurch zu bestimmen, dass man jedem und wirklich jedem Satz der Sprache [angenommen, die Sprache ist die Mengentheorie, in einer Formalisierung erster Stufe] Wahrheitswerte zuordnet (sollen die mit einer geraden Anzahl von Hufeisen „wahr" sein).

Was würde eine solche Zuweisung des Prädikates „wahr" für die Bestimmung des *Konzepts der Wahrheit* bringen? Einfach den Gebrauch dieser Silbe (dieses einsilbigen Wortes, nämlich 'wahr'). Tarski hat vorgeschlagen, dass die Erfüllung der Konvention T eine notwendige und hinreichende Bedingung für die Definition der Wahrheit einer bestimmten Sprache ist[12]. Eine bloße (rekursive) Verteilung der Wahrheitswerte kann überführt werden in eine Wahrheitstheorie, die der Konvention T genügt. Wir können uns damit zufrieden geben, vorausgesetzt, wir sind bereit zu akzeptieren, was ich gerade für die zentrale Frage halte, und wir sind bereit, das Konzept der Übersetzung zu ignorieren, das in ihrer Formulierung (der Konvention T) vorkommt. Was vermisst würde, so schwierig es ist, das zu erklären, ist der theoretische Apparat, der von Tarski verwendet wird, um Wahrheitsdefinitionen bereitzustellen, d.h. die Analyse der Wahrheit in Termen der „referentiellen" Begriffe der Benennung, der Prädikation, Erfüllung und Quantifizierung. Eine Definition,

---

[12]Tarski: "Das Konzept der Wahrheit in formalisierten Sprachen" (1935). Die Konvention T ist dort folgendermaßen dargestellt:
KONVENTION T. Eine formal korrekte Definition des Symbols 'Tr', formuliert in einer Metasprache, wird eine adäquate Definition der Wahrheit genannt, wenn sie folgende Konsequenzen hat:

(α) Alle Sätze, die aus dem Ausdruck 'x Tr genau dann wenn p' erhalten werden, wenn das Symbol 'x' durch einen strukturell-deskriptiven Namen irgendeines Satzes der betrachteten Sprache und das Symbol 'p' durch den Ausdruck, der die Übersetzung dieses Satzes in eine Metasprache bildet, ersetzt wird, können aus ihr abgeleitet werden;

(β) Der Satz 'für jedes x gilt: wenn x Tr, dann x S' (in anderen Worten 'Tr S') kann aus ihr abgeleitet werden.

die nicht mit den üblichen Rekursionsbedingungen für die üblichen grammatischen Formen fortfährt, kann nicht adäquat sein, sogar wenn sie der Konvention T genügt. Die Theorie muss voranschreiten durch Referenz und Erfüllung und muss darüberhinaus ergänzt werden durch eine Theorie der Referenz selber. Aber die Verteidigung dieser letzten Behauptung ist eine zu verwickelte Materie, um sie hier zu behandeln[13].

Der Quine der „Truth by convention" erkannte, dass es genügt, die Wahrheitswerte aller Kontexte eines Wortes zu bestimmen, um seine Referenz zu bestimmen. Das könnte so sein, wenn wir schon den Begriff der Wahrheit hätten und der Referenz des Terms, der uns von jeher interessierte, durch alle Wahrheitsdefinitionen nachjagten. Aber da scheint etwas gründlich falsch zu sein, wenn man versucht, das Konzept der Wahrheit *selbst* auf diese Weise festzuhalten. Wenn wir es so machen, werfen wir dieselbe Krücke weg, die es dieser Methode erlaubt, andere Konzepte zu erklären. Wahrheit und Referenz gehen Hand in Hand. Unser Wahrheitskonzept, insofern wir eins haben, schreitet voran mit Hilfe von Begriffen, die Tarski benutzt hat, um es für die Klasse der von ihm betrachteten Sprachen zu definieren - das Wesentliche von Tarskis Beitrag geht viel weiter als die Konvention T und umfasst auch die Schemata für die wirkliche Definition: eine Analyse der Wahrheit für eine Sprache, die nicht mit Hilfe der üblichen Muster von Prädikation, Quantifizierung usw. vorgeht, sollte uns nicht befriedigen.

Wenn diese Gedanken das Wesentliche überhaupt berühren, dann sollte es klar sein, warum „kombinatorische" Sichtweisen der Natur der mathematischen Wahrheit meiner Darstellung nach fehlgehen. Sie vermeiden, was mir ein notwendiger Weg zu einer Theorie der Wahrheit zu sein scheint: über die Propositionen, deren Wahrheit gerade definiert wird. Angeregt durch epistemologische Betrachtungen präsentieren sie Wahrheitsbedingungen, deren Erfüllung oder Nichterfüllung Nur-Sterbliche feststellen können; aber der Preis, den sie bezahlen, ist ihre Unfähigkeit, diese sogenannten „Wahrheitsbedingungen" mit der Wahrheit der Sätze zu verbinden, für die sie die Bedingungen sind.

Sogar wenn man zugesteht, dass die Wahrheiten der Logik erster Ordnung nicht von Konventionen abstammen, könnte noch behauptet werden, dass der Rest der Mathematik (Mengentheorie für Logizisten; Mengenlehre, Zahlentheorie und andere Dinge für Nicht-Logizisten) aus Konventionen besteht, die in einer Logik erster Ordnung formalisiert

---

[13]Eine ausgezeichnete Vorstellung einer ähnlichen Ansicht ist bei Field, 1972, S.347-5 zu finden.

sind. Dagegen kann man ebenfalls einwenden, dass ein solches Konzept von Konventionen keine *Wahrheit* mit sich zu bringen braucht[14]. In der Tat ist es klar, dass es das nicht tut. Denn sogar wenn wir allgemeinere Einwände ignorieren, sobald einmal die Logik festgesetzt ist, ist es immer noch möglich, dass die so festgesetzten Konventionen sich als inkonsistent herausstellen. Es kann also nicht behauptet werden, dass das Aufstellen von Konventionen Wahrheit *garantiert*. Aber wenn es keine Wahrheit *garantiert*, was unterscheidet diese Fälle, in denen Wahrheit geliefert wird, von denen, wo das nicht geschieht? Konsistenz kann nicht die Antwort sein. Das zu behaupten heißt, die Bedeutung der Tatsache zu missdeuten, dass Inkonsistenz ein *Beweis* dafür ist, dass Wahrheit nicht erreicht wurde. Der tiefere Grund ist, um es noch einmal zu sagen, dass Festsetzungen durch Postulate keine Verbindung zwischen den Sätzen und ihrem Gegenstand herstellen - Festsetzungen liefern keine Wahrheit. Im besten Fall begrenzt es die Klasse der Wahrheitsdefinitionen (Interpretationen), die mit den Festsetzungen konsistent sind. Aber das ist nicht genug.

Um das deutlich zu machen, betrachten wir Russells oft zitierten Satz: „Die Methode, das zu 'postulieren', was wir wollen, hat viele Vorteile; es sind dieselben wie die Vorteile des Diebstahls gegenüber ehrlicher Anstrengung" (Russell 1919: S.71; abgedruckt in Benacerraf 1983, S.160-182). Nach der von mir befürworteten Sicht ist das falsch. Denn beim Diebstahl kommen Sie zumindest mit der Beute davon, während die implizite Definition, die konventionelle Postulierung und ihre Cousins unfähig sind, Wahrheit zu bringen. Sie sind nicht nur moralisch, sondern auch praktisch unzureichend.

---

[14]Die gleichen Argumente können gegen eine Theorie vorgebracht werden, die vielleicht von obiger nicht zu unterscheiden ist, nämlich, dass die Postulate *implizite Definitionen* von existierenden Begriffen darstellen (anstatt festzusetzen, wie neue Begriffe zu verstehen sind), wenn damit erklärt werden soll, wie wir wissen können, dass die Axiome wahr sind (wir lernten die Sprache, indem wir *diese* Postulate lernten).

6.2 Kleines Lexikon

a posteriori/a priori
Ein Urteil heißt apriorisch, wenn es ohne Zuhilfenahme der Erfahrung gefällt wurde, z. B. durch reine Verstandesschlüsse. Das Urteil „Ein Quadrat ist ein Rechteck" ist nicht das Ergebnis der Erfahrung, sondern der Definition. Aposteriorisch heißen dagegen Urteile, die auf der Erfahrung aufbauen: „Auf der Erde fallen Gegenstände nach unten." Es ist eine Streitfrage, ob Mathematik eine apriorische oder aposteriorische Wissenschaft ist. Für Formalisten ist sie apriorisch, für Vertreter des Quasiempirismus (z. B. Lakatos) aposteriorisch.

analytisch/synthetisch
Ein Urteil heißt nach Kant analytisch, wenn sein Gegenteil nicht möglich ist. Beispiel: „Junggesellen sind unverheiratete Männer." Bei synthetischen Sätzen ist dagegen das Gegenteil möglich: „Morgen geht die Sonne auf." Bei analytischen Urteilen werden dem Subjekt (z. B. Junggesellen) durch das Prädikat keine Informationen zugefügt, sie geben einen logischen/begrifflichen Zusammenhang wieder. Bei synthetischen Urteilen wird dem Subjekt durch das Prädikat etwas zugefügt, das z. B. aus der Erfahrung stammt. Es wird darüber gestritten, ob Mathematik eine analytische oder synthetische Wissenschaft ist. Für Kant war Mathematik *das* einzige Beispiel einer synthetischen Wissenschaft a priori.

Axiom
Eine Aussage, die als (nicht in Frage gestellte) Grundlage für weiteres logisches Schließen akzeptiert wird, also auch nicht beweisbar ist. In der griechischen Antike galten Axiome als offensichtliche (evidente) Wahrheiten oder Prinzipien.

Benacerrafsches Dilemma
In seinem Aufsatz „Mathematische Wahrheit" von 1973 formulierte Benacerraf folgendes Problem: Die intuitiven Begriffe von Wahrheit und Wissen sollen auch für die Mathematik ihre Gültigkeit haben.
Geht man von einem platonistischen Standpunkt aus, d.h. von der realen Existenz mathematischer Entitäten, dann kann man zwar den Begriff Wahrheit (entsprechend der Konvention T von Tarski) sinnvoll definieren, es fehlt aber eine vernünftige Epistemologie, d.h. man kann nicht erklären, wie man zur Erkenntnis mathematischer Wahrheiten gelangt. Der Begriff Wissen kann nicht in der üblichen Weise verwendet werden.
Geht man von einem formalistischen Standpunkt aus, dann kann man zwar den Begriff des Wissens (als durch Ableitung/Beweis gerechtfer-

tigt) sinnvoll verwenden, man hat eine Epistemologie, der übliche (semantisch definierte) Begriff der Wahrheit ist aber nicht zu retten.
Anders ausgedrückt (nach Mark Steiner): „So steht der Mathematiker einem Dilemma gegenüber: entweder sind die Axiome nicht wahr (wenn man unterstellt, dass mathematische Entitäten keine Existenz haben), oder sie sind nicht erkennbar."
Das Dilemma ist zum großen Teil in dem Wunsch begründet, Mathematik in eine physikalisch akzeptable Weltsicht zu integrieren, d.h. sie in eine empirisch orientierte Wissenschaftstheorie einzubinden. Der Wunsch ist deshalb auf der einen Seite, eine natürliche Epistemologie der Mathematik zu entwerfen, auf der anderen Seite aber, jede ontologische Verpflichtung aufzugeben, die nicht durch die Naturwissenschaften anerkannt oder erfordert wird.
Das Ergebnis des Aufsatzes von Benacerraf war eine Fülle neuer Arbeiten in der Philosophie der Mathematik.

Deduktion/Induktion
Deduktion: Ableitung einer Aussage aus anderen Aussagen in Übereinstimmung mit den logischen Schlussregeln. Syntaktischer Begriff, da man zum Ableiten eines Satzes die Bedeutung des Satzes nicht verstanden haben muss. Im weiteren Sinn bezeichnet Deduktion auch einen Schluss vom Allgemeinen aufs Besondere (z. B. Descartes). Ein deduktives (oder formales) System besteht aus einer Reihe von Axiomen und Schlussfolgerungen. Mathematik wird häufig als Musterbeispiel einer deduktiven Wissenschaft angesehen.
Induktion: Schluss vom Besonderen auf das Allgemeine. Für Empiristen ist die Induktion ein zentrales Problem, da Schlüsse aus der Erfahrungen immer induktiv und nicht deduktiv sind. Bis heute ist noch kein überzeugendes logisches Verfahren (trotz der Versuche von Mill, Carnap, Hempel) für induktive Schlüsse gefunden worden. Popper u.a. behaupten dagegen, dass wir im Alltag nicht induktiv schließen, sondern aufgrund unserer Erfahrung zu Hypothesen gelangen, die wir solange aufrechterhalten, wie sie nicht widerlegt wurden. Für „Quasiempiristen" (Lakatos, Putnam, aber auch Tymoczko) ist Mathematik die allgemeinste induktive Wissenschaft.

Empirismus (von empeira, griech. = Erfahrung)
Gegensatz zur Rationalismus. Glaube, dass nur die sinnliche Wahrnehmung Erkenntnisse über die Welt liefern kann. Der Empirismus wird zurückgeführt auf die englischen Philosophen Bacon, Locke, Hume. Manchmal wird Aristoteles als der erste empiristische Philosoph bezeichnet.

Entitäten
entitas, lat. = Wesen, Seiendes. Das Wesen eines Dinges oder einer Art; ein Seiendes, ein Gegenstand. Die nichtbeobachtbaren Größen der theoretischen Wissenschaften, z. B. Mengen, Atome, bezeichnet man in der Wissenschaftsphilosophie als theoretische Entitäten.

Epistemologie (engl. epistemology, theory of knowledge)
Mit Epistemologie wird im französischen und angelsächsischen Sprachraum das bezeichnet, was in Deutschland Erkenntnistheorie genannt wurde. Dabei gibt es allerdings kleine Differenzen. Die Epistemologie ist keine einheitliche Theorie, sondern ein Sammelbegriff für sehr unterschiedliche Begriffsbildungen, Analysen und Erklärungen, die mit den Begriffen Wissen und Erkenntnis verbunden sind. Der Begriff „Epistemologie" wird vor allem von der Analytischen Philosophie gebraucht, die sich unter diesem Namen mit klassischen Themen der Erkenntnistheorie auseinandersetzt. Die Analytische Philosophie geht häufig vom Gebrauch der Wörter aus. Dabei wird das Wort Erkennen anders verwendet als Wissen. Das Erkennen kann gerichtet sein auf etwas oder jemanden (Objektkonstruktion: Ich erkenne diesen Mann wieder) oder auf Aussagen (propositionale Konstruktionen: Er erkannte, dass es sich um ein literarisches Werk handelte). Das Wissen richtet sich dagegen nur auf propositionale Konstruktionen: Er wusste, dass es noch ein gutes Stück zu laufen war. Propositionale Erkenntnisse beruhen auf semantischer Information. Sie haben einen Wahrheitswert und können als Gründe oder Evidenzen und Ursachen, also in kausalen Zusammenhängen fungieren. Die Untersuchung des Wissens steht im Zentrum der Epistemologie. Weiteres s.u. „Wissen".

Fermatsche Vermutung

Fermat (1601-1665) hat behauptet, dass die Gleichung $x^n + y^n = z^n$ keine positive ganzzahlige Lösung x,y,z hat, wenn n eine ganze Zahl größer als 2 ist. Die Fermatsche Vermutung war lange Zeit eines der bekanntesten ungelösten mathematischen Probleme. Im Jahre 1993 wurde von Andrew Wiles ein Satz bewiesen, der die Fermatsche Vermutung als eine Konsequenz enthält.

Formalismus

Der Formalismus unterscheidet sich vom Platonismus vor allem in der Frage der Existenz und der Realität. Er vertritt den Standpunkt, dass die Mathematik keine Objekte hat, sondern ausschließlich aus formalen Symbolen oder Ausdrücken besteht, die nach vorgegebenen Regeln oder Abmachungen manipuliert oder kombiniert werden. Benacerraf bezeichnet den Formalismus deshalb auch als kombinatorische Theorie. Für den Formalisten ist Mathematik eine Erfindung. Er definiert sie als die Wissenschaft des strengen Beweises, als Wissenschaft der formalen Herleitungen, die von Axiomen zu Sätzen führen. Die Frage nach dem Inhalt stellt sich nicht. Es gibt z. B. keine reellen Zahlen, außer man legt Axiome fest, die sie beschreiben. Der Formalismus entstand in enger Verbindung mit dem logischen Positivismus aus dem Bedürfnis heraus, die Gewissheit in der Mathematik zu retten, und ist nach Quine mit dem Nominalismus verwandt. Die Grenzen des Formalismus wurden u.a. durch Gödels Unvollständigkeitssatz deutlich (s. Gewissheit).

Gewissheit
Bis zur Grundlagenkrise der Mathematik um die Jahrhundertwende galt es als unbestritten, dass die Mathematik diejenige Wissenschaft ist, deren Erkenntnisse absolut gewiss sind. Hilbert sah die Gewissheit dann garantiert, wenn eine Theorie widerspruchsfrei war und es eine akzeptable Beweistheorie gibt. Gödel zeigte aber die Grenzen dieser formalen Betrachtungsweise auf: Es gibt immer (syntaktisch) sinnvolle, aber unbeweisbare und unwiderlegbare Sätze. Für Goodman ist Gewissheit einer der dichotomen Begriffe der Philosophie, auf die verzichtet werden muss: „Der Gewissheit dagegen ist nicht mehr zu helfen. Der Beweis ist ganz klar weder eine hinreichende noch eine notwendige Bedingung für Gewissheit, da für die Gewissheit der Konklusion Gewissheit unbewiesener Prämissen erforderlich ist." (Goodman/Elvin 1993, S.203 f., S.209-212). Lakatos und Putnam sehen die Mathematik nicht als gewisse, sondern als fehlbare Wissenschaft an.

Gründe
Ein Grund ist ein Urteil, das als Rechtfertigung für ein anderes Urteil dient. In der modernen Philosophie wurden zunächst Gründe von Ursachen (Kausalität: Ursache-Wirkung-Verhältnis) unterschieden. Gründe können nur andere Meinungen sein, während Ursachen Vorgänge in der empirischen Welt sein können. Davidson stellt die prinzipielle Unterscheidbarkeit von Gründen und Ursachen allerdings wieder in Frage.
In der Mathematik werden als Rechtfertigungsgründe für Sätze nur andere, schon bewiesene Sätze akzeptiert. Intuition, Geistesblitze, schönes Wetter u.a. können mathematische Sätze verursachen, begründen sie aber nicht.

Grundlagenkrise der Mathematik
Unter der „Grundlagenkrise der Mathematik" versteht man die etwa 40 Jahre dauernde Diskussion, die im Anschluss an die Erfindung der

Nichteuklidischen Geometrie im 19. Jahrhundert stattfand und in der verschiedene Mathematiker versuchten, Wahrheit bzw. Wissen in der Mathematik durch neue Grundlagen (z. B. in der Mengenlehre) zu finden. Es gab drei Richtungen: Logizismus (Russell, Whitehead), Konstruktivismus/Intuitionismus (Brouwer) und Formalismus (Hilbert). Jede dieser Richtungen führte zu Problemen, so dass der Platz, den vorher die euklidische Geometrie eingenommen hatte, nicht gefüllt werden konnte.

In der heutigen Philosophie der Mathematik werden für die drei Richtungen meist die Begriffe verwendet, die aus dem mittelalterlichen Universalienstreit stammen:

REALISMUS: Platonistische Doktrin, dass Universalien oder abstrakte Entitäten ein Sein unabhängig vom Geiste zukommt; der Geist kann sie entdecken, aber nicht erschaffen (Parallelen zum Logizismus).

KONZEPTUALISMUS: Es gibt Universalien, doch sind sie vom Geiste erschaffen (Parallelen zum Intuitionismus).

NOMINALISMUS: Es gibt nur konkrete Dinge, keine Universalien. Allgemeinbegriffe können nützlich sein, erhalten aber dadurch keine Existenz (Parallelen zum Formalismus). Bezogen auf die Mathematik heißt das nach Quine, dass keine Allquantoren über Allgemeinbegriffe laufen dürfen, dass es nur Individuenvariablen gibt.

Interpretation
Interpretation ist ein zentraler Begriff der modernen Philosophie und der Semantik. Für die Mathematik bedeutet Interpretation, dass den mathematischen Zeichen Gegenstände zugeordnet werden. Z. B. werden im Satz des Pythagoras ($a^2+b^2=c^2$) den Buchstaben a,b,c Seiten im rechtwinkligen Dreieck zugeordnet: a,b Katheten, c Hypotenuse. Interpretation setzt voraus, dass Mathematik als semantische Theorie verstanden wird, nicht als rein formales Spiel.

Intuitionismus
Häufig nur als andere Bezeichnung für Konstruktivismus verwendet. Der Intuitionismus geht auf L.E.J.Brouwer (1881-?) zurück und betont den Aspekt, dass allein die „Urintuition" des Zählens zur Grundlage der Mengenbildung zugelassen wird, das Aktual-Unendliche aber verworfen wird. In der Tradition von Kant sind die Objekte der Mathematik Produkte des menschlichen Geistes.

Kausalität
Man nennt das Verhältnis zweier Ereignisse kausal, wenn sie in einem Ursache-Wirkung-Verhältnis stehen. Z. B. ist die Drehung der Erde die

Ursache für den Wechsel von Tag und Nacht. Kausalität ist eine für die Orientierung im Leben notwendige Denkfigur. Andererseits ist es nach Humes Auffassung nicht möglich, Kausalität durch Vernunftschlüsse oder Sinneserfahrungen zu begründen. Ursache und Grund eines Ereignisses werden in der heutigen Philosophie häufig unterschieden.

Kohärenztheorie der Wahrheit (s. Wahrheit)

Kombinatorik
Die mathematische Disziplin, die „zählt, ohne zu zählen", und dabei Antworten sucht auf Fragen von der Form: „Auf wie viele Arten kann man...?" Beispiel: Auf wie viele Arten kann man fünf Ehepaare um einen runden Tisch gruppieren, so dass keine Ehefrau neben ihrem Ehemann sitzt?
Der Standpunkt Hilberts kann auch als kombinatorisch bezeichnet werden, weil er seine Beweistheorie als formale Sprache mit Schlussregeln einführte und den Beweis der Widerspruchsfreiheit der klassischen Mathematik mit Hilfe der kombinatorischen Eigenschaften dieser formalen Sprache führen wollte: „Seine Absicht war dabei, sich an anschauliche kombinatorische Überlegungen zu halten; auf diese wollte er sich gemäß seinem 'finiten Standpunkt' beschränken" (Bernays, In: Thiel 1982, S.237)

Konstruktivismus (Ältere Bezeichnung: Intuitionismus)
Richtung in der Philosophie der Mathematik, die an Kant anknüpft. Nach Kant ist mathematische Erkenntnis synthetisch und a priori, d.h. sie findet vor aller Erfahrung in der Anschauung statt. Mathematische Sätze sind nicht das Ergebnis rein logischer Schlussfolgerungen, sondern von Konstruktionen in reinem Raum und reiner Zeit. Nur die mathematischen Objekte haben eine reale Existenz und sind sinnvoll, die aus bestimmten einfachen Objekten auf finitistische (d.h. endliche) Weise „konstruiert" werden können. Eng verbunden mit dem holländischen Mathematiker L.E.J. Brouwer und seiner Schule. Der Konstruktivismus, der ursprünglich eine Richtung in der Philosophie der Mathematik war, ist heute stärker in der allgemeinen Philosophie als in der Mathematik vertreten. Ihm wird z. T. Dummett zugerechnet. Die Bezeichnung von Goodman, Kripke und z. T. auch Quine als Konstruktivisten (in manchen Lexika) ist dagegen eher fragwürdig.

Kontinuumshypothese
In der Cantorschen Mengenlehre wird mit der Kardinalzahl oder Mächtigkeit einer Menge die Anzahl ihrer Elemente bezeichnet. Bei unendli-

chen Mengen wird die gleiche Mächtigkeit zweier Mengen über eineindeutige Abbildungen definiert. Die Mächtigkeit der Menge der natürlichen Zahlen 1,2,3, ... heißt λ_0 (lies: Aleph null). Die Mächtigkeit der Menge der reellen Zahlen ist 2^{λ^0}. Die Kontinuumshypothese besagt, dass es keine Menge gibt, deren Kardinalzahl dazwischen liegt. Gödel und Cohen haben bewiesen, dass weder die Kontinuumshypothese noch ihr Gegenteil aus dem Axiomensystem von Zermelo-Fraenkel-Skolem hergeleitet werden können.

Korrespondenztheorie der Wahrheit (s. Wahrheit)

Kreativität
In der Logik wird die Erweiterung einer Theorie dann als kreativ (= not conservative) bezeichnet, wenn sie neue Sätze hervorbringt, die die alte Theorie nicht enthält. Bei Field ist Nicht-Kreativität ein spezifisches Merkmal der Mathematik.

Nichteuklidische Geometrie
Eine Geometrie, die auf Axiomen beruht, die den von Euklid aufgestellten widersprechen. Insbesondere eine Geometrie, in der Euklids 5. Axiom durch andere Axiome ersetzt wird. Das 5. Axiom besagt, in einer modernen Formulierung, dass es für eine beliebige Gerade und einen beliebigen Punkt, der nicht auf dieser Geraden liegt, genau eine Parallele zu dieser Geraden durch diesen Punkt gibt. Eine nichteuklidische Geometrie behauptet z. B., dass es keine solche Parallele gibt (Riemann 1854), eine andere, dass es mindestens zwei gibt (Lobatschewski 1825). Die Erfindung der nichteuklidischen Geometrien löste im vorigen Jahrhundert die sog. Grundlagenkrise der Mathematik aus.

Nominalismus
Der Nominalismus geht davon aus, dass Allgemeinbegriffe keine Existenz haben. Bezogen auf die Mathematik heißt das nach der Interpretation von Quine, auf die man sich heute meist beruft, dass keine Allquantoren über Allgemeinbegriffe laufen dürfen, dass es nur Individuenvariablen gibt.

Platonismus
Unter einem mathematischen Realisten oder Platonisten versteht man jemanden, der (a) an die Existenz mathematischer Entitäten (Zahlen, Funktionen, Mengen usw.) glaubt, und (b) glaubt, dass sie unabhängig von der Meinung und der Sprache sind.

Der strenge Platoniker sieht die Gesamtheit der Mathematik als ewig und unabhängig vom Menschen an. Es die Aufgabe des Mathematikers, diese mathematischen Wahrheiten zu entdecken. Allerdings kann er nicht erklären, wie wir etwas über diese idealen Gegenstände wissen können, da wir ja keinen sinnlichen Zugang zu ihnen haben.
Gemäßigte Platoniker sprechen endlichen mathematischen Objekten eine empirische Existenz zu und machen sie dadurch der Erkenntnis zugänglich.

Propositionen
Inhalte sogenannter kognitiver oder deskriptiver Sätze (Behaupten, Vermuten, Voraussagen, Bezeugen, Berichten, Mitteilen, Feststellen, Bezweifeln usw.). Sachverhalte, um die es in diesen Äußerungen geht. Propositionen haben eine semantische Bedeutung, sie können wahr oder falsch sein und aus ihnen können andere Sätze geschlossen werden.

Rationalismus
ratio, lat. = Vernunft, Verstand. Unter Rationalismus versteht man den Glauben, dass es reine Vernunfterkenntnisse über die Welt gibt. Bis zur Grundlagenkrise war Mathematik das entscheidende Argument dafür, dass es möglich ist, ohne sinnliche Erfahrung Erkenntnisse über die Welt zu gewinnen. Bei Kant war Mathematik die einzige synthetische Wissenschaft a priori.

Referenz
Beziehung zwischen Wörtern und dem Gegenstand, auf den sich dieser Ausdruck bezieht. Grundlage der Verankerung der Sprache in der Welt war die Diskussion um die Referenz singulärer Termini (Namen/Pronomen/Kennzeichnungen).

Russellsche Antinomie
Selbstwidersprüchliche Aussage der Mengenlehre. Sie kann an folgendem Beispiel verdeutlicht werden: Der Satz „Ein Kreter behauptet, alle Kreter seien Lügner" ist selbstwidersprüchlich. Sagt der Kreter die Wahrheit, dann können nicht alle Kreter lügen. Lügt er, dann ist der von ihm formulierte Satz falsch. Mathematisch formuliert: Die Menge aller Mengen, die sich nicht selbst als Element enthalten, ist ein Begriff, der einen Widerspruch in sich birgt.

Semantik/Syntax
Semantik: Lehre von den Bedeutungen der Wörter.

Syntax: Lehre von den Beziehungen zwischen den Zeichen (formale, grammatikalische Struktur)
Für die Mathematik haben Semantik und Syntax folgende Bedeutung: Die mathematische Semantik geht davon aus, dass mathematische Zeichen sich auf etwas beziehen, eine Bedeutung haben. Teilt man diese Auffassung, so kann der Begriff der Wahrheit inhaltlich (Korrespondenztheorie) verstanden werden. Geht man davon aus, dass die Mathematik eine rein syntaktische Theorie ist, dann besteht sie nur aus bedeutungslosen Zeichen und Ableitungs- bzw. Umformungsregeln (s. Benacerrafsches Dilemma)

Subjekt/Prädikat
Die Unterscheidung von Subjekt und Prädikat in der Logik differiert etwas von der Unterscheidung in der Grammatik: In dem Satz „Schnee ist weiß" ist „Schnee" das Subjekt und „ist weiß" das Prädikat. Das Subjekt ist also der Gegenstand, über den etwas ausgesagt wird, das Prädikat das, was über das Subjekt ausgesagt wird. Diese Unterscheidung ist deshalb wichtig, weil Subjekt und Prädikat sich in unterschiedlicher Weise auf die Welt beziehen. Das Subjekt verweist auf Gegenstände der Welt, das Prädikat verlangt eine Verwendungsregel, nach der einem Gegenstand bestimmte Eigenschaften zugeordnet werden.

Syntax s. Semantik

Ursache s. Kausalität

Wahrheit (Korrespondenz-/Kohärenztheorie)
Mit dem Begriff der Wahrheit sind, grob gesprochen, zwei verschiedene Intuitionen verbunden. Nach der ersten sind Sätze oder Meinungen dann wahr, wenn sie „den Tatsachen entsprechen" (Korrespondenztheorie), also auf eine externe Realität bezogen sind. Nach der anderen kommt es darauf an, ob sie zu den übrigen Sätzen, die wir für wahr halten, „passen" (Kohärenztheorie). (Goodman 1993, S.203-209; Goodman 1990, S.134-170)

Wissen
Bei der Charakterisierung von Wissen ging es in der Analytischen Philosophie lange Zeit darum, hinreichende und notwendige Bedingungen des Satzes „S weiß, dass p." aufzustellen. Gettier hat nachgewiesen, dass die folgenden drei Bedingungen für Wissen notwendig, aber nicht hinreichend sind:

(1) „p" muss wahr sein; (2) S muss glauben, dass p; und (3) S muss begründen/rechtfertigen können, dass p.
Da es aber bisher nicht gelungen ist, eine hinreichende und notwendige Bedingung für Wissen anzugeben, orientiert man sich an der notwendigen Bedingung, dass Wissen mindestens gerechtfertigter wahrer Glaube ist.
Üblicherweise wird Wissen auf zwei Wegen gerechtfertigt:
a) Eine Meinung kann entlang einer Kette von Schlussfolgerungen und kausalen Beziehungen auf eine grundlegende, intuitiv oder empirisch gerechtfertigte Meinung zurückgeführt werden (kausale Theorie des Wissens, Naturalismus, Fundamentalismus), oder es wird untersucht, ob eine Meinung zu anderen Meinungen passt, die wir als wahr ansehen (Kohärenztheorie des Wissens).
Goodman schlägt vor, den Begriff des Wissens in der Philosohie ganz aufzugeben: „Schließlich wird das Wissen, von Gewissheit und Ungewissheit gleichermaßen heimgesucht, in unserer Neufassung von Verstehen abgelöst. Während Wissen bezeichnenderweise der Wahrheit, der Überzeugung und der Erhärtung bedarf, braucht Verstehen keines davon" (Goodman 1992, S.212, außerdem: Goodman 1993, S.179-201)

7 Literaturverzeichnis

7.1 Reader

Benacerraf, Paul & Putnam, Hilary: Philosophy of mathematics. Selected readings. Second edition. Cambridge University Press. Cambridge, New York, Port Chester, Melbourne, Sidney 1983. Mit Beiträgen von: Carnap, Heyting, von Neumann, Brouwer, Dummett, Frege, Russell, Hilbert, Curry, Kreisel, Bernays, Putnam, Ayer, Quine, Hempel, Poincaré, Benacerraf, Göde, Boolos, Parsons, Wang.
Dieser Band gibt einen guten Überblick über die Philosophie der Mathematik und ihre klassischen Positionen bis zum Jahre 1982 zu den Themen: Grundlagenprobleme, Existenz mathematischer Objekte, Mathematische Wahrheit und Probleme der Mengenlehre.
Bieri, Peter: Analytische Philosophie der Erkenntnis. Neue Wissenschaftliche Bibliothek. Verlag Anton Hain. Frankfurt am Main 1992. Mit Beiträgen von Chisholm, Lehrer/Paxson, Harman, Dretske, Goldman, Nozick, Sellars, Alston, Bonjour, Davidson, Stroud, Nozik, Bennett, Quine, Rosenberg.
Obwohl die Übersetzungen dieses Bandes mehrfach kritisiert wurden, versammelt er als einziger in deutscher Sprache die wichtigsten Autoren der gegenwärtigen analytischen Erkenntnistheorie. Peter Bieri hat sowohl zu dem Gesamtband als auch zu den einzelnen Themen umfangreiche und informative Einleitungen geschrieben.
Echeverria, Javier & Ibarra, Andoni & Mormann, Thomas: The Space of Mathematics. Philosophical, Epistemological and Historical Explorations. Walter de Gruyter. Berlin, New York 1992. Beiträge eines Kongresses aus dem Jahre 1990 von: Mac Lane, Lawvere, Ibarra/Mormann, Rantala, Niiniluoto, Breger, Grattan-Guinesse, Resnik, Torretti, Scheibe, Schmidt, Da Costa, Howson, Dauben, Echeverria, Knobloch, Jahnke, Otte, Feferman, Mahoney, Mosterin, Sneed, Moulines.
Irvine, A.D. (ed.): Physicalism in Mathematics. Kluwer Academic Publishers. Dordrecht/Boston/London 1990. Beiträge eines Kongresses in Toronto im Jahre 1988 von Irvine, Burgess, Simons, Resnik, Wright, Brown, Hale, Urquhart, Papineau, Hallett, Maddy, Bigelow, Hellman, Gauthier, Davis.
Skirbekk, Gunnar (Hg.): Wahrheitstheorien. Eine Auswahl aus den Diskussionen über Wahrheit im 20. Jahrhundert. stw 210. Frankfurt am Main 1977.

Thiel, Christian (Hg): Erkenntnistheoretische Grundlagen der Mathematik. Herausgegeben und mit einer Einleitung sowie Anmerkungen versehen von Christian Thiel. Gerstenberg Verlag. Hildesheim. 1982
In diesem leider vergriffenen Band sind Texte zur Philosophie von der Antike bis 1974 versammelt.
Tymoczko, Thomas: New Directions in the Philosophy of Mathematics. An Anthology edited by Thomas Tymoczko. Birkhäuser. Boston, Basel, Stuttgart 1985. Mit Beiträgen eines Seminars aus dem Jahre 1979 von Hersh, Lakatos, Putnam, Thom, N.D.Goodman, Polya, Wang, Davis, Wilder, Grabiner, Kitcher, Tymoczko, De Millo, Chaitin

7.2 Einzeltitel

Aristoteles: Metaphysik. RUB 7913. Stuttgart 1970
Ayer, A.J.: Language, Truth and Logic. Gollancz. London 1967
Benacerraf, Paul: Mathematical Truth (1973). In: Benacerraf/Putnam 1993, S.403-420
Bernays, Paul: Über den Platonismus in der Mathematik (1935). In: Thiel 1982, S.223-241
Bonjours, Laurence: Die Kohärenztheorie empirischen Wissens (1976). In: Bieri 1992, S.271-291
Brown, James Robert: in the sky (1988). In: Irvine 1990, S.95-120
Burgess, John P.: Epistemology & Nominalism (1988). In: Irvine 1990, S.1-16
Chihara, Charles S.: Constructibility and Mathematical Existence. Oxford University Press. Oxford 1990
Chisholm, Roderick M.: Epistemische Ausdrücke (1957). In: Bieri 1992, S.85-90
Curry, Haskell B.: Outlines of a Formalist Philosophy of Mathematics. North Holland. Amsterdam 1951
Davidson, Donald: Eine Kohärenztheorie der Wahrheit und der Erkenntnis (1983). In: Bieri 1992, S.271-291
Davidson, Donald: Wahrheit und Interpretation. stw 896. Frankfurt am Main 1986
Davis, Philip J./Hersh, Reuben: Erfahrung Mathematik. Mit einer Einleitung von Hans Freudenthal. Birkhäuser Verlag. Basel, Boston, Stuttgart 1985
Dummett, Michael: Wahrheit (Aufsätze 1959-1977). RUB 7840. Stuttgart 1982
Field, Hartry: Realism and Anti-realism about Mathematics. Philosophical Topics 13 (1982). S.45-69

Field, Hartry: Science Without Numbers: A Defence of Nominalism. Princeton University Press. Princeton 1980.
Field, Hartry: Tarski's Theory of Truth (1972). Journal of Philosophy, vol. 69 (1980)
Gettier, Edmund L.: Ist gerechtfertigte, wahre Meinung Wissen? (1963) In: Bieri 1992, S.91-94
Gödel, Kurt: Über formal unentscheidbare Sätze der Principia Mathematica und verwandter Systeme I (1931), Monatshefte für Mathematik und Physik, vol. 38, S.173-198 (Unvollständigkeitssatz von Gödel)
Goldman, Alvin I.: Eine Kausaltheorie des Wissens (1967). In: Bieri 1992, S.150-167
Goodman, Nelson/Elgin, Catherine Z.: Revisionen. Philosophie und andere Künste und Wissenschaften. stw 1050. Frankfurt am Main 1993.
Goodman, Nelson: Weisen der Welterzeugung. stw 863. Frankfurt am Main 1990.
Hale, Bob: Abstract Objects. Basil Blackwell. Oxford 1987
Hale, Bob: Nominalism (1988). In: Irvine 1990, S.121-144
Harman, Gilbert H.: Thought. Princeton University Press. Princeton 1973
Hart, W.D.: Benacerraf's Dilemma. Crítica. Revista Hispano americana de filosofía. Vol. XXIII. No. 68. Mexico. Agosto 1991. S.87-104
Hellman, Geoffrey: Mathematics without Numbers. Oxford University Press. Oxford 1989
Hilbert, David: Brief an Frege. Sitzungsbericht der Heidelberger Akademie der Wissenschaften 1941, 2. Abhandlung
Hossack, Keith: Access to Mathematical Objekts. Crítica. Revista Hispano americana de filosofía. Vol. XXIII. No. 68. Mexico. Agosto 1991. S.157-182
Jubien, M.: Ontology and Mathematical Truth. Noûs 11 (1977)
Kant, Immanuel: Kritik der reinen Vernunft (1781). Werkausgabe Band III. stw 55. Frankfurt am Main 1990
Kitcher, Philipp: The Nature of Mathematical Knowledge. Oxford University Press. Oxford 1983
Kripke, Saul A.: Name und Notwendigkeit. stw 1056. Frankfurt a. M. 1993
Kripke, Saul A.: Outline of a Theory of Truth. Journal of Philosophy 72 (1975)
Lakatos, Imre: Beweise und Widerlegungen. Die Logik mathematischer Entdeckungen (1963/664). Herausgegeben von John Worrall und Elie Zahar. Verlag Friedr. Vieweg & Sohn. Braunschweig, Wiesbaden 1979
Maddy, Penelope: Perception and Mathematical Intuition (1989). Philosophical Review 89, S.163-169

Maddy, Penelope: Philosophy of mathematics: Prospects for the 1990s. Synthese 88. Kluwer Academic Publishers. Dordrecht/Boston/ London 1991, S.155-164
Maddy, Penelope: Realism in Mathematics. Oxford University Press. Oxford 1990
Putnam, Hilary: Von einem realistischen Standpunkt aus. Schriften zu Sprache und Wirklichkeit. re 539. rororo. Reinbek bei Hamburg 1993
Putnam, Hilary: What is Mathematical Truth? Philosophical Papers, Cambridge University Press 1975. Zitiert nach Tymoczko 1985, S.49-66.
Quine, Willard Van Orman: Die Natur natürlicher Erkenntnis. In: Bieri 1982, S.422-435
Quine, Willard Van Orman: On What There is. Review of Metaphysics 1948
Resnik, Michael: Beliefs about mathematical objekts (1988). In: Irvine 1990, S.41-72
Resnik, Michael: Mathematics as A Science of Patterns: Ontology and Reference. Noûs vol. XV. 1981. S.529-550
Resnik, Michael: Mathematics as A Science of Patterns: Epistemology. Noûs vol. XVI. 1982. S.95-105
Ritter, Joachim/Gründer, Karlfried (Hg): Historisches Wörterbuch der Philosophie. Verlag Schwabe & Co AG. Basel. Bd. 6 (Mo-O) 1984. Bd. 7 (P-Q) 1989
Robles, José A.: Berkeley y Benacerraf. La arithmética es sólo un sistema de signos. Critica. Revista hispanoamericana de filosofia. Vol. XXIII. No. 68. Mexico. Agosto 1991, S.105-126
Rota, Gian-Carlo: The Concept of Mathematical Truth. The Review of Metaphysics 3, März 1991, S.483-393, Erstabdruck „The Mathematical Scientist"
Skyrms, B.: The Explication of 'X Knows that p'. Journal of Philosophy, vol. 64 (1967)
Steiner, Mark: Mathematical Knowledge. Cornell University Press. Ithaca, New York 1975
Steiner, Mark: Platonism and the Causal Theory of Knowledge. Journal of Philosophy, vol. 70 (1973)
Tarski, Alfred: Der Wahrheitsbegriff in den formalisierten Sprachen. Studia Philosophica, vol. 1 (1935)
Tarski, Alfred: Die semantische Konzeption der Wahrheit und die Grundlagen der Semantik (1944). In: Skirbekk 1977, S.140-181
Tugendhat, Ernst: Tarskis semantische Definition der Wahrheit und ihre Stellung innerhalb der Geschichte des Wahrheitsproblems im logischen Positivismus (1960). In: Skirbekk 1977, S.189-223

Tugendhat, Ernst / Wolf, Ursula: Logisch-semantische Propädeutik. RUB 8206. Stuttgart 1983 (zum Wahrheitsbegriff S.217-242)
Tymoczko, Thomas: Mathematics, science and ontology. Synthese 88, August 1991, S.201-228
Wieland, Wolfgang: Platon und die Formen des Wissens. Göttingen 1982
Wittgenstein, Ludwig: Bemerkungen über die Grundlagen der Mathematik. Werkausgabe Band 6. stw 506. Frankfurt am Main 1991
Wittgenstein, Ludwig: Über Gewissheit (ca. 1949). Werkausgabe Band 8. stw 508. Frankfurt am Main 1992

A problem in mathematics for which as yet there is no solution is like the problem set by the king in the fairy tale who told the princess to come neither naked nor dressed, and she came waring a fishnet. He did not really know what he wanted her to do but when she came thus he was forced to accept it. His order was of the form: Do something which I shall be inclined to call neither naked nor dressed. It is the same with the mathematical problem: Do something which one will be inclined to accept as a solution though one doesn't know what it will be like.

Wittgenstein, nach Alice Ambrose: Proof and the Theorem Proved, in: Alice Ambrose, Essays in Analysis, George Allen and Unwin Ltd., London 1966, pp.13-25

8 REGISTER

All-Aussagen 70-71
Aristoteles 19, 49, 75, 112
Axiom 28-29, 110, 117
Benacerrafsches Dilemma ... 39, 41, 47, 76, 82, 83, 86, 87, 110, 119
Bernays 43, 46, 116
Beweis 8, 16, 21, 27, 31, 57, 59, 60, 69, 71, 92, 96, 102, 109, 111, 113, 116
Bolzano 42
Bourbaki 65
Davidson 21-22, 26, 37, 38, 41, 49-53, 82, 86, 114
Davis/Hersh 33, 45, 46
Deduktionismus 68-70, 111
Dummett 47, 64, 116
Empirismus . 10, 38-41, 48, 85, 86, 112
Entdeckung oder Erfindung ... 9, 61, 84, 101, 105
Epistemologie 10, 14-15, 27, 45, 48, 54, 74, 76, 78, 97, 99, 111, 112
Euklid 9, 28-29, 117
Fermat 113
Field 55, 66-68, 74, 76-77, 82, 88, 108, 117
Formalismus 14, 15, 21, 40-46, 56, 58, 64, 69, 79, 82, 113, 114, 115
Frege 34, 42, 65, 79, 89
Fundamentalismus des Wissens
.... 26, 120
Gegenstand der Mathematik . 8, 47, 53, 64, 104
Gewissheit 2, 12, 23, 27, 30, 60, 70, 82, 83, 85, 87, 93, 99, 113, 120

Gödel 14, 33, 45, 49, 67, 77, 82, 103-104, 113, 116
Goodman 21, 26-27, 38, 45, 113, 116, 119, 120
Grundlagenkrise ... 10, 29, 33, 39, 85, 113-114, 117, 118
Hart 55, 62, 82
Hilbert 30, 31, 90, 92, 98, 113, 114
Holismus 38, 78, 81
Hossack 55, 68-72
Hume 65, 85, 112
inferentiell 23, 24
Kant ... 25, 42, 47, 70, 72, 110, 115, 116, 118
kausale Theorie des Wissens 23, 48, 52-53, 77-80, 99, 120
Kohärenztheorie der Wahrheit
.... 21, 49, 115
Kohärenztheorie des Wissens
.... 26, 120
Kombinatorik 115
Konstruktivismus 43, 47, 56, 75, 114, 115, 116
Kontinuumshypothese ... 33, 45, 116
Konvention T .. 34-35, 107-108, 110
Korrespondenztheorie der Wahrheit. 19, 20, 22, 34, 37, 40, 117, 119
Lakatos .. 55, 58-61, 64, 75, 83, 85, 110, 112, 114
Maddy 5, 55, 75-78, 82
Nicht-Kreativität 66-68, 117
Nominalismus 10, 41-45, 66, 113, 117
Ontologie ... 10, 15, 20, 27, 40, 48, 53, 72-73, 76, 79, 80, 81
Physikalismus 54

Platon 2, 19, 42, 75, 105
Platonismus .. 14-15, 21, 40-46, 49, 53, 55, 64-65, 69, 70-75, 77, 78, 79, 82, 113, 117
principle of charity 51
Putnam. 10, 20, 27, 44, 47, 55, 60, 64-67, 83, 98, 112, 114, 124
Quasiempirismus... 59-60, 64, 75, 110
Quine 25-26, 38, 41-45, 54, 67, 69, 70, 79-81, 86, 106, 108, 113, 115-117
Rationalismus 40
Rekursive Definition der Wahrheit 34
Resnik 55, 73-76, 121
Rota 55, 60-61, 64, 78
Russell 30, 54, 65, 80, 109, 114, 118
Semantik 14, 16, 37, 40, 41, 44, 48, 56, 72, 75-78, 88-98, 103, 115, 118-119
Standard-Sicht .. 42, 44, 66, 91, 97-98, 103, 104
Steiner 54, 88, 102, 111
Syntax... 14, 40-41, 45, 56, 93, 103, 118-119

Tarski ... 34, 37, 48, 50, 52, 76, 93, 95, 97, 107, 108, 111
Tymoczko.... 5, 52, 55, 60, 65, 70, 78-83, 112
Universaliensalienstreit 43
Unvollständigkeitssatz von Gödel 14, 37, 53, 65, 68, 85, 86, 92, 113
Verstehen 9, 57
Wahrheit . 10-12, 14-21, 26-28, 30-31, 34-37, 38, 40-42, 47-50, 53-62, 64-68, 71-72, 74, 78, 81-91, 93-100, 102-103, 105, 107-111, 114-115, 117-119, 120-121
Widerspruchsfreiheit 21, 25, 33, 38, 66, 92, 116
Wissen ... 10-12, 14, 18, 22-28, 31, 38, 40-41, 45, 48-50, 53, 57, 62, 65-67, 72-76, 79-82, 84, 86, 88, 89, 94, 95, 97, 99-102, 104, 105, 110-112, 114, 119, 120
Wittgenstein 10, 25, 33, 45, 55, 56, 58, 62, 69, 70, 72, 85